发展心理学与早期教育

[英]戴维·怀特布雷德（David Whitebread） 著

易进　高潇怡　李春丽　译

教育科学出版社
·北京·

目　录

目
录

图 次

致　谢

这本书是我多年阅读、思考、讨论、倾听和教学的一项成果。很感谢我所认识的无以计数的孩子、早期教育工作者和发展心理学家，他们在我写作本书的漫长而曲折的历程中做出了许多非常有价值的贡献。我特别想感谢1980年和1981年我班上的那群五六岁的孩子，他们很稳定地展现着元认知和自我调节能力。而根据我当时修读的教育专业硕士课程，这么小的孩子是不可能具有这样的能力的。

我也非常感激在早期教育机构的同事，感激剑桥大学教育系早期教育和小学教育研究生培养项目组、心理学和教育学研究组的同事们，他们给我提供了很好的研究环境，激发我去尝试和检验我的理论和观点。最后，我非常感谢我可爱的博士生和硕士生们。这些年里，能和这么优秀、负责任并热切关注早期教育的年轻人一起工作，我感到很荣幸。

同样感谢以下为本书提供了资源的机构和相关作者。

泰勒弗朗西斯集团 (*Taylor & Francis*)：

'High/Scope evaluation at 27 years', Schweinhart and Welkart (1993) in K. Sylva and J. Wiltshire (1993). 'The impact of early learning on children's later development: a review prepared for the RSA inquiry "Start Right" ', *European Early Childhood Education Research Journal*, 1, 17–40.

'Multistore model of memory (based on Atkinson and Shiffrin 1968) ' from Whitebread, D. (2000) *The psychology of teaching and learning in the* primary school.

'How children learn: the constructivist model' from Whitebread, D. (2000) *The psychology of teaching and learning in the primary school*.

'Piaget's number conservation problem', from Whitebread, D. and Coltman, P., (eds) (2008) *Teaching and learning in the early years*, 3rd edn.

哈洛灵长类实验室 (*Harlow Primate Laboratory*):

Image of baby monkey feeding and holding cloth mother.

威利-布莱克韦尔出版社 (*Wiley-Blackwell*):

'Explanation of Ainsworth's strange situation technique', Cowie, H. (1995) from Barnes, P. (ed.) (1995) *Personal, social and emotional development of children*.

'Profile of vocabulary growth typical of children in their second year' from Plunkett, K. (2000) Development in a connectionist framework: rethinking the nature-nurture debate', from Lee, K. (ed.) *Childhood cognitive development: the essential readings*.

'Vygotsky's "zone of proximal development" ' in Smith, P. K. and Cowie, H. (1991) *Understanding children's development*.

'Bruner's nine glass problem' from Bruner, J. S. (ed.) (1966) *Studies in cognitive growth*.

美国科学促进会 (*American Association of the Advancement of Science*):

'Learning through imitation', Meltzoff, A. N. and Moore, M. K. (1977) Imitation of facial and manual gesture by human neonates. *Science*, 198.

英国广播公司 (*BBC*):

Brain size and social group, David Attenborough, *Life of mammals*.

哈珀柯林斯（*HarperCollins*）：

'Hughes's hiding game', Donaldson, M.（1986）*Children's minds.*

麦格劳-希尔集团（*McGraw-Hill*）：

'Different types of play in schools', Moyles, J.（1989）*Just playing? The role and status of play in early childhood education.*

从小橡子到大橡树（*Little Acorns to Mighty Oaks*）：

Elinor Goldschmeid's *Treasure Basket*, www. littleacornstomightyoaks. co. uk.

艾伦·布拉格登出版社（*Allen D. Bragdon Publishers, Inc.*）：

'Your brain and what it does', www. brainwaves. com.

我们一直在努力寻找所有的版权持有者。如果上述信息中有疏漏之处，请读者能提供进一步的信息。出版社会很高兴地做必要的修改。

致
谢

第一章 前言

儿童发展与早期教育

写作本书的过程非常令人兴奋。首先，可能也是最基本的一点，我很高兴能在早期教育方面做些工作。婴幼儿教育曾在很长一段时间里处于被忽视的境地，主要以资金匮乏的小作坊方式发展，从业者往往是对此充满热情的非专业人员。他们以志愿者身份或拿着很低的报酬，在教堂大厅、童子军活动中心及类似的地方工作。突然之间——在某种程度上甚至是过于突然——不仅仅是英国，在世界各地，包括发达国家、发展中国家，甚至最不发达的国家，早期教育都得到了重视，并获得前所未有的投资和发展。如此快速的发展带来了很大的挑战，但毫无疑问，这种对早期教育的新认识早就该有并且非常重要。早期教育工作者在此刻有机会为早期教育——儿童教育最重要的一个阶段的改革和发展做出巨大贡献，使其转变为基于实证的具有专业性的事业，由此改善儿童的生活质量以及儿童赖以成长的社会环境。

与此同时，发展心理学研究有着同样令人欣喜的进展。目前我们关于儿童发展的认识和理解急剧增长和深化，这主要是运用新科技的结果，正如所有科学的发展一样。如天文学研究者普遍认为，伽利略的最大贡献不在于他提出了地球围绕太阳转的观点，而在于他发明了望远镜。发展心理学的进展也得益于一系列新的研究方法和研究工具的出现——我们将在本书的随后章节看到这方面的具体表现——包括视频、电脑、非侵入式神经科学方法、进化生物学的研究技术，以及一系列的新的研究设计和分析方法。所有这些技术和方法论的新进展扩展了我们对于儿童的认识和理解。最重要的是，它们给发展心理学带来了革命性的变化。20 世纪 60 年代末和 70 年代初，在我学习心理学专业的时候，很多关于婴幼儿的研究在方法上存在局限，倾向于揭示儿童的缺陷，主要关注儿童不会做什么。而现在，现代发展心理学采用愈来愈复杂的研究手段，发现了大量令人吃惊的信息，揭示了儿童的各项早期发展成就。

此时写这本书，是在尝试抽取当前发展心理学领域有助于将婴幼儿引入教育世界的新知识，因此，这既是一件乐事，也是一种挑战。挑战是因为我们在儿童发展方面的知识实在是太多，但因为本书能清晰地聚焦于儿童能做什么而非他们的缺陷，因此撰写本书也是件乐事。

当然，聚焦于儿童能做什么，这不仅仅是一种自我陶醉或取悦他人的情感反应。事实上，这对早期教育有重要意义。人类的进化主要在上新世（Pliocene period）——在靠狩猎和采集为生的数百万年内，以特定的方式学习和发展。这些早期的适应过程塑造了人类的大脑，使之能够高效地进行信息加工，但由于这种适应以特定的方式进行，导致我们在某些任务上有惊人的出色表现，比如记住人脸、学习语言、相互学习等，而在另一些任务上表现很差，比如记忆名字、理解物理现象、阅读说明书等。在我们所处的这个新奇的现代世界，我们需要了解我们的大脑如何学习和发展，进而发挥我们这个物种的长处，而不是暴露我们的弱点。我早年发表过一篇讨论婴幼儿数学学习的文章（Whitebread，1995）。我在那篇文章里提出，当代发展心理学研究对婴幼儿学习的解释，可以揭示为什么传统的数学教学方法（抽象、脱离有意义的情境、使用常规符号、教运算法则）往往不太奏效并常常挫败儿童的信心。如果采用更有利于儿童理解的方法（操作、创设有意义的情境、儿童运用自己的表征和策略），我们就能发挥人类学习的优势，帮助儿童成为自信而有能力的小数学家。

本书试图将上述方法运用于更广泛的儿童学习和发展领域。

将儿童培养为自我调节的学习者

本书的指导思想和核心主题是，儿童作为学习者和发展中的个体，他们自己在教育情境中能做的事比人们以前认为的要多得多，其中很多还是目前的教育所不能提供的。他们能对自己的学习负责，掌控自己的学习，并从中得到很多益处。他们能够成为发展心理学研究文献所提及的自我调节的学习者。这个主题与儿童情绪和社会性发展的联系与其同儿童智能发展的联系一样紧密，因此它贯穿于本书每一章。本书最后一章主要是对之前各章根据儿童各方面发展提出的教育教学原则进行概括和总结。

目前，早期教育领域普遍表现出对培养儿童自我调节或"独立"学习的兴趣和热情，关于这一领域已有很多图书和文章出版或发表（Featherstone and Bayley，2001；Williams，2003）。人们对瑞吉欧（Reggio Emilia）和高宽课程（HighScope）表现出巨大热情，而这两者都强调儿童学习的自主性。另外还有不少官方的指导性文件出台。多个政府机构在其规划、通告、课程文件中针对独立学习或自我调节的学习提出了相应的建议。在新修订的《教师资格标准》（Qualifying to Teach，TDA，2006）中，S3.3.3条这样要求教师。

教学的组织结构和活动流程要使学生感兴趣并激发他们的学习动机，使学生明了学习目标……（同时）要促进学生的主动学习和独立学习，使学生能够自己思考、计划和掌控自己的学习。

《奠基阶段课程指导》（Curriculum Guidance for the Foundation Stage，DfEE/QCA，2000）为3—5岁儿童设计了新的课程体系，其中有一条"早期教育原则"是这样写的。

儿童既要有机会参与成人设计的活动，也要有机会参与他们自己计划和发起的活动。（p. 3）

当然，正如许多类似的政策文件，上述规定并非是全新的理念，它们不过是在陈述一些比较成熟的实践经验（尽管有些政客试图证明自己能够就困扰教育专业人士已久的问题提出极好的新观点）。虽然早期教育的教师普遍认为他们有责任鼓励儿童成为独立的、自我调节的学习者，但在日常课堂中存在着很多的问题。教师需要维持课堂秩序，应对时间和资源方面的压力，直面来自校长、家长、政府机构等方面的期待，这些常常妨碍他们对儿童的独立学习给予支持，有时甚至是适得其反。它往往导致教师过度指导，由此制造一种假象，即课程已得以"实施"，但实际上并没有有效促进儿童的学习，无助于培养儿童的能力和自信，使之成为独立学习者。

例如，我清楚地记得我的两个孩子上学前班的经历。他们上过的一个班声称会教孩子读写，有很多家长报名，候补名单很长。他们进班的时候，老师在门口迎接并指导他们到桌旁各自的座位上坐好。桌子上整齐地摆放着完成某种既定的手工活动所需要的操作材料。老师告诉他们，不要随便动任何东西，只需跟随着老师的指示按部就班地操作。当他们遇到困难的时候，老师会帮助他们做一些调整。20分钟之后，孩子们都做出了同样的机器人、母亲节贺卡或其他作品。接着他们到下一张桌子旁，那里有新的活动等着他们。这些孩子几乎不做选择，老师从不要求或鼓励他们形成自己的观点，他们几乎一直是坐着活动。一上午过去后，他们跑来向我（或我妻子）问好，通常记不得带上一些他们很费劲才做成的完美作品。他们上过的另一个学前班当时被称作游戏小组。没有多少家长想报这个班（可能是因为这个班没有宣称会正规地教读写）。孩子们一进班就发现有一大堆游戏材料供他们选择，既有可坐着操作的手工制作活动，也有建构活动材料、沙水箱、自行车和其他的交通工具，可开展想象类游戏的娃娃家，等等。在上午课结束时，他们会非常兴奋地冲出来，通常是扮成公主精灵或仙女的样子，向我们展示用透明胶条将两个玉米片包装盒粘在一起做成的魔法直升机，或者一个新的小木偶朋友。他们很小心地捧着小木偶，准备回家把它做完。随后，经过老师一再劝告，他们才依依不舍地脱下装扮，这样老师才可以在明天到来之前把每样东西整理好。你可能通过我对这两个班的描写已看出我认为孩子们在哪一个班有真正的学习。当然是在那个游戏小组。在那里，他们受到的挑战是适宜的，他们的所作所为能得到肯定和鼓励。他们不仅在学习操作、认知和社会技能，也在学习如何做决定、形成自己的观点、掌控和调节自己的学习。

如今，有很多的问题和困难迫使早期教育者从以游戏为主的教育转向更注重成人指导的正规化的教育方式。其中最突出的问题是对独立学习和自我调节的学习缺乏明确的界定。如上所述，从政策文件的相关规定可以清楚看出人们非常赞同儿童的独立学习，但仍然需要有清晰的概念界定。首先，早期教育者要为个性化学习创造条件，践行《每个孩子都重要》（Every Child Matters）法案的精神，同时，他们也一直受到自上而下的冲击，要求他们将既定的课程和"标准"灌输给彼此具有很大差异的孩子们。此外，最近的一些指导文件，如新颁发的《早期奠基阶段方案》（Early Years Foundation Stage, Dfes, 2006），逐渐转向强调培养儿童的独立活动技能，培养他们成为独立的"学习者"，使其在课堂上不需要过度依赖成人帮忙。这与帮助儿童成为独立学习者是截然不同的。后者指儿童能控制自己的学习进程，对自己的学习负责。出于这一原因，人们越来越倾向于用"自我调节的学习者"这一概念，它更强调学习者自己控制和主导自己的学习。我们将看到，这个概念在发展心理学文献里已有很长的历史。

最近几年，我和 32 位剑桥郡的早期教育教师一起参与了剑桥郡独立学习项目（Cambridgeshire Indepent Learning, C. Ind. Le, Whitebread and Coltman, 2007；Whitebread et al., 2005）。这项研究表明，在恰当的条件下，3—5 岁的儿童能够为自己的学习承担一定责任，逐步发展为自我调节的学习者；老师可以通过高质量的教育实践发挥非常重要的作用（关于这一研究的更多细节将在本书最后一章呈现）。这个项目及其他类似研究的发现是激发本书写作的主要动力，它们在本书各个章节均有所体现。

早期教育的质量及其影响

针对人类最年幼群体的教育的发展是十分重要的。现在有很多研究证实，儿童的早期教育经历不仅会立即影响其认知和社会性发展，而且对他们未来的教育成就和生活有长期影响。西尔瓦和威尔特西尔（Sylva and Wiltshire, 1993）对一系列支持这一观点的证据进行过梳理。这些证据包括美国的开端计划（Head Start）以及英国和瑞典的儿童健康和教育研究（Child Health and Education Study, CHES）。

最初，上述不同研究似乎得出不一致的结果。例如，美国的开端计划主要是为经济和社会处境不利的儿童提供学前教育机会，该项目对儿童的认知和社会发展有短期的积极影响，但长期效果不明显。英国和瑞典的儿童健康和教育研究项目却发现，上学前班的经历与 10 岁时在校成绩有明显联系。近期的分析和研究显示，学前教育的长期效应取决于教育经验的质量。西尔瓦和威尔特西尔特别谈及高宽项目和其他高质量的、认知导向的学前教育项目取得的长期效应。这些项目中，最著名的是密歇根州伊普斯兰蒂（Ypsilanti）的佩里学前教育项目（Perry Preschool Project），该项目由戴维·韦卡特（David Weikart）主持，最初是开端计划的一部分，后来发展为现在的高宽项目。图 1.1 列出了他与同事合作的一项研究结果，他们对 65 位曾在 20 世纪 60 年代连续两年上高宽幼儿园半日班的儿童进行跟踪调查，将这组儿童在 27 岁时的发展情况与来自同样社区但未参与该项目的控制组进行对比。正如我们所看到的，参与该项目的儿童不仅在高中有更好的表现，而且他们犯罪率明显更低，工资更高，成年后更少依赖社会救济，更有可能拥有自己的房子（Schweinhart et al., 1993）。

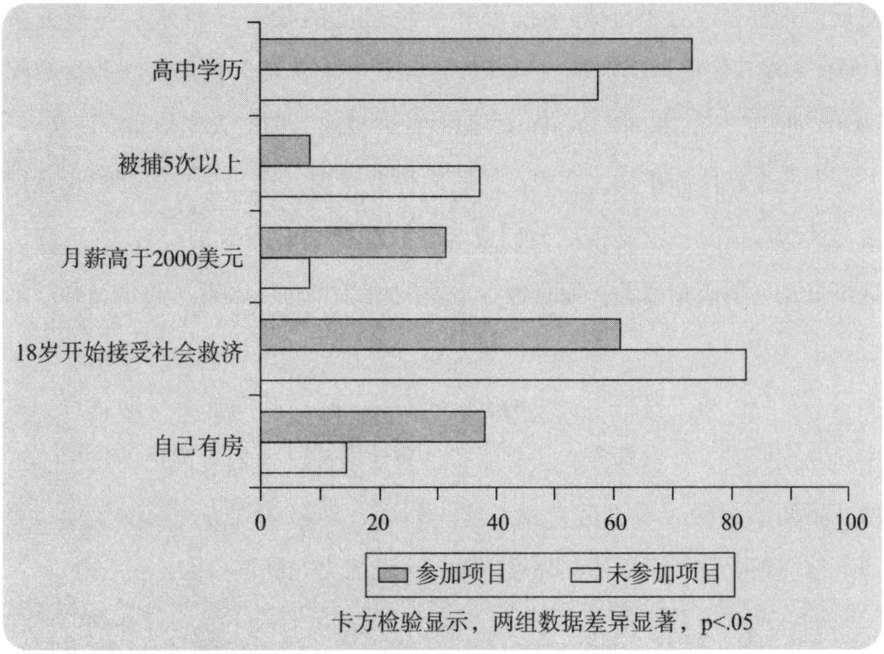

图 1.1　对参与高宽项目的儿童到 27 岁时的追踪研究
来源：Schweinhart et al., 1993

英国有效学前教育项目（EPPE, Sylva et al., 2004）的最新研究发现进一步证明了这一观点，该项目发现早期教育的质量与儿童智力和个性的多方面发展成果有明显联系。

这些特别有效的早期教育环境的重要特点与我在上文的讨论很一致。这些教育环境为儿童提出真正的智力挑战，要求并允许他们发展自我调节技能。这种教育方式让儿童有很多机会掌控自己的学习。例如，在高宽项目中，学习的基本模式是计划—工作—回顾 3 个环节的循环。每个儿童在小组里与一位成人教育者一同计划某一天或某个时段的活动，该成人被称为"关键工作者"。然后儿童们各自去执行他们计划好的活动，之后回到小组里对活动进程进行回顾，"关键工作者"在此环节继续提供支持。

这种工作方式需要成人与儿童之间以及儿童与儿童之间形成有意义的

对话，儿童有机会并不得不反思和谈论自己的学习。西尔瓦等研究者（2004）发现，质量特别高的早期教育实践中常常会出现成人和儿童"保持共同思考"（sustained shared thinking）的情况，即成人支持儿童的观点，并帮助儿童延伸和扩展这些观点。我们将会看到，让儿童有机会谈论他们真实的学习情况，这是帮助他们成为自我调节的学习者的一种重要途径。这不仅是一项认知活动，而且包含重要的情绪和动机因素。西尔瓦和威尔特西尔（1993）发现，高质量的早期教育机构都在帮助儿童发展所谓的对学习、对自己的"掌控力"（mastery orientation）。在高质量早期教育环境中，儿童形成了高自尊感、安全感和自我效能感，他们有高远的志向。这些儿童渐渐相信，通过努力就能解决问题、理解新观点、获得技能，等等。他们感觉自己可以控制环境，对自己的能力充满信心。

儿童发展与自我调节

我在剑桥郡独立学习项目中，通过对有效教学实践的分析，发现了关于自我调节的 4 个基本教学原则。它们与发展心理学的新近研究成果有密切联系。下面将简单地解释和讨论这些原则。本书随后章节也将按照这些原则展开，具体讨论儿童情感、社会性、智力等方面的发展。

1. 情感温暖和安全

为了在学校情境中成长为有效的学习者，儿童需要爱和安全感。这是一切教育的基础。早期教育的传统经验之一是把儿童当作一个完整的个体来看待。儿童的学习和智力发展与其情感和社会性发展不可分离。在早期发展阶段，儿童在掌握基本技能和获得基本认识的同时，也逐步形成对自己作为个人、作为学习者的基本态度。他们在这一阶段形成的基本态度对其将来的教育经历和发展成就有重要影响。

发展心理学家有非常多的研究证据支持这一观点。高自尊和高自我效能感与学业成功有非常密切的联系，正如低自尊和所谓的"习得性无助"与学习困难密切相关一样，很难说清孰因孰果，但很明显，相信自己与取得成就之间存在着双向互动的良性循环，而令人悲哀的是，自我怀疑与遭遇失败之间则可能存在恶性循环。罗杰斯和库尼（Rogers and Kutnick，1990）对这个领域的研究及其对教师的重要启示进行了很好的论述。

能够提升儿童学习自信的课堂，其首要的也是最重要的特征是情感温暖，具体表现为成人和儿童之间互相尊重和信任，课堂组织能为儿童提供情感支持（比如规则清晰且能得到贯彻执行）。这种情感氛围使儿童自信地开展创造性游戏，热情而理智地投入冒险活动，在遇到困难时坚持不懈。如果没有这种支持，很多儿童会在课堂上表现出退缩、被动，不愿意尝试新的或不熟悉的活动，一遇到困难就放弃任务。

第二章将具体讨论儿童的情绪发展及家庭、学校对它的影响。情感温暖和安全与社会性发展的某些方面以及儿童的游戏经验也有一定联系，这些将在第三、第四章中讨论。

2. 控制感

与情感安全需要紧密相关的是，所有人都需要情感和智力方面的控制感。感觉自己能控制自己的环境和学习，这对儿童形成对自己能力的自信心、发展积极应对困难和挑战的能力十分重要。沃特森和雷米（Watson and Ramey，1972）曾在美国加利福尼亚做过一项实验，非常清楚地揭示了控制感是人类情感和动机发展的重要方面。实验者为8个月大婴儿的父母提供一种特殊的婴儿床，床头有非常吸引人的彩色床铃，要求父母在几周之内，每天在特定的时间段让孩子躺在小床里。有些床的床铃要么不动，要么按一定的时间间隔移动。另一些特别的床上，用线将床铃与枕头连接，当孩子向枕头施压时，装置就会移动（见图1.2）。

在普通小床上的婴儿对床铃表现出了一些兴趣，而那些在特别小床上

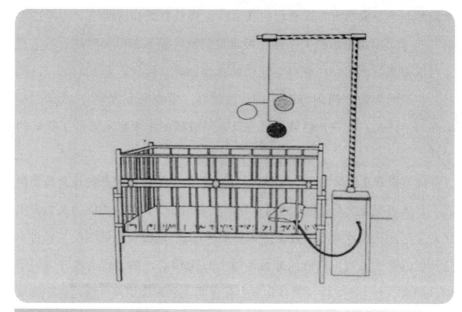

图 1.2 小床上有"随我而动"的床铃
来源：Watson and Ramey, 1972

的婴儿很快学会在枕头上滚来滚去，以使床铃动起来，并且在装置动起来的时候显得十分开心。这就像我们熟悉的婴儿乐此不疲的游戏：他们把东西扔到地上，大人捡起来还给他们；只要大人愿意，婴儿会不断重复这个游戏，并且边玩边笑。实验结束后，小床要被拿走，大多数父母都很高兴地同意了，但得到特别小床的父母却愿意花大价钱从研究小组那里买下这些小床，因为他们发现孩子在小床上有很多的乐趣。孩子们在小床上体验到的是"随我而动的床铃"，这些装置的移动是由他们控制的。

控制感是形成发展心理学家所称的自我效能感的一个重要因素。关于自我效能感的最佳解释是"一种胜任感"。自我效能感高的儿童相信自己能够学习新的技能，理解新的观念，哪怕一开始这些技能和观念看起来十分困难。事实上，他们为迎接挑战而欣喜，并找困难的事情来做。这样的儿童对自己提出挑战，自己计划学习进程，逐渐成为高度自我调节的学习者。毫无疑问，有大量研究揭示了自我效能感与学业成就之间的密切联系。

因此，对教师而言很重要的是，课堂组织要有足够的灵活性，使儿童能够基于特定的经验追求自己的兴趣。让儿童有机会发起游戏、做决定、参与和课堂规范有关的重要决策活动，这可以提高儿童的主人翁意识，增强他们对班级、同学和自己学习的责任感。我们将在第四章看到游戏是儿童发展控制感和自我效能感的重要途径（关于二者关系的研究，请见Guha，1987）。

3. 认知挑战

尽管情感发展和智力发展之间有很密切的联系，但只有爱、情感安全、自我控制感是不够的，儿童还需要智力挑战。我们将在第六章看到，皮亚杰（Piaget）和维果茨基（Vygotsky）等心理学家的研究成果引发了大量关于儿童学习过程的研究，根据这些研究成果，研究者们普遍认为儿童的学习是一个主动建构自己的理解的过程。人类大脑的一个重要特征是对智力活动感到愉悦；在消极方面，这也意味着很快感到无趣和厌烦。我们年幼的时候更是如此——那是大脑最活跃的时候。所有研究都证明，对儿童的智力有一定挑战性、能激发他们主动思考的学习环境可以令儿童愉悦，吸引他们的注意并引发学习。这再次证明，让儿童控制自己的学习是非常重要的。这样的环境通过有意义的情境为儿童提供新的经验，使儿童有机会以问题解决、探究等方式主动学习，还有机会自我表达，并且，最重要的是有机会通过游戏来学习。

我清楚地记得，当初为了确定给我自己的孩子选哪一所小学，我们曾经带他们到若干所学校去考察。在最初的几所学校，孩子们畏缩不前，当我们与老师交谈的时候，他们躲到我们身后，敬畏地盯着可能成为他们教室的大房间。然而，在最后一所学校，我们好不容易才走进预备班①的教

---

① 英文原文是 reception classroom，译作"预备班"，指英国小学开设的招收4—5岁学生的班级。——译者注

室，因为教室装饰得完全像阿拉丁的洞穴一样，满是孩子们的画作和雕塑作品，从天花板上悬吊下来一些看起来很有趣的东西，墙上装点着各种平面的或三维的展品，还有许许多多令人惊喜的可以操作的物品、棋类，可以自由探索的玩具，等等。当我们和老师交谈的时候，孩子们忍不住地去看，去摸，并最终用学校提供的这些有趣玩意儿玩耍起来。结束与老师的交谈后，我们花了很长时间才劝说孩子离开这个他们新发现的美妙世界。我们最后毫不费力地就决定了优先选择哪所学校，以让孩子茁壮成长。

我们在前面提到，儿童会在游戏中自发地给自己设定挑战，如果让儿童选择，他们不会选择那些成人认为合适的任务，而会选更具挑战性的任务。给儿童提供他们可以应对的挑战，并支持他们战胜挑战，这是培养积极的学习态度和独立应对挑战的能力的最有力的教学方式。由维果茨基的儿童学习理论引发的研究（如 Moll，1990）一再表明，儿童在面对一项他们独立完成会感到非常困难的任务时，如果能得到支持（或者用布鲁纳的比喻——"支架"），那么他们的学习最为有效。这种支持可以由成人提供，也可以通过与同龄人一起合作实现。

认知挑战方面的内容将在第四章讨论，第五章和第六章主要回顾关于儿童记忆、理解发展及不同学习方式的研究。

4. 对学习的叙说

很明显，随着儿童对自己心理过程越来越多的了解和控制，他们需要成人清楚地说明学习和思考的过程，他们自己也需要学会表征、谈论和表达他们的学习和思考。为此，对日常课堂实践而言，极为有益的做法是，为儿童提供机会阐释他们的计划，并让他们在活动之中和之后对自己的思考和决策进行反思和评论。

很多证据显示，说明和自我表达的过程对帮助儿童理解自己的经验、发现经验中的意义很重要，因为这涉及认知的重组过程。维果茨基提出通过在社会背景中共同建构意义而学习，布鲁纳提出语言是一种"思维工具"，这两种观点在此显得很重要。蒂泽德和休斯（Tizard and Hughes，1984）曾对儿童在家和在学校的语言使用情况进行研究，他们呈现了儿童借助谈话进行智力探索的相关证据。他们发现，能够激发上述思考活动的成人与儿童的对话，在家庭环境中比在学校更常见。他们指出，教育者必须找到在课堂上与儿童进行高质量对话的恰当手段。正如前文所述，这一点在最近西尔瓦等人（2004）的有效学前教育项目中也有讨论——他们发现高质量的学前教育机构普遍存在"围绕共同话题持续对话"这一特征。

当然，与家庭相比，课堂环境的一个明显劣势是成人与儿童的比例。基于这一原因，激发儿童之间进行有挑战性的谈话也很重要。为此，很多教育工作者主张更加广泛地采用合作小组、同伴教学等形式，要求儿童分组解决问题、开展探究，或以写作、表演、舞蹈等形式展现其成果，这可能产生很大的益处。

还有一点很重要，自我表达不仅仅限于以语言为中介。要求儿童将自己的经验转化为多种不同的"符号"表达形式，这对学习过程有一定的帮助。当儿童画画、跳舞、搭积木、做模型、制作音乐或者玩耍时，他们是在以一种自己能够控制的、独特而个性化的方式，主动了解周围世界，进行认知重构。儿童投入这些活动时所展现的兴奋和热情，也充分证明了这些活动的重要性。

第四章（涉及一些游戏类型）和第六章将深入讨论语言、自我表达与学习的重要联系。

本章小结

尽管我尝试着将儿童心理过程区分为情感、安全需要、控制感、智力、自我表达等不同要素，但在总结的时候我必须强调，更有益的做法是将所有这些要素整合为一个整体。人们发现那些支持学习的活动都具有巨大的趣味性，这并非偶然。例如，成人在游戏中常常从解决问题所面临的智力挑战（如填字、拼图、猜谜、下棋等）中享受到乐趣，或因（通过音乐、美术、表演等进行）自我表达而感到愉悦。有了乐趣，就有了专注、认知努力、思考的动力、学习的成果。情感安全为儿童自我表达奠定基础；反之，自我表达有赖于并可增进儿童对自己的独特性和自我价值的理解。当儿童体验到发现或解决问题的兴奋感时，他们就学会了承担风险、坚持不懈，成为独立的、自我调节的学习者。

早期教育面临着许多困难和挑战，最重要的是要认识到，儿童是"主动的"学习者，他们不只是教什么就学什么，而是经历什么才学什么。我想在本书中倡导的是，早期教育领域的高效教师不仅要考虑自己作为教师的交往风格，考虑自己为儿童设计和提供的学习活动，更要考虑自己和儿童在其中生活和工作的整个教室环境及社会文化背景。

每当看到管理不善的课堂，我们总会感到悲哀。在这些课堂上，儿童排着长队等待老师给他们一点少得可怜的关注；儿童逐渐变得过度依赖成人的支持，没有持续的干预就无法继续学习；教师总是面临压力，常因没时间做恰当的事而沮丧；教学设备和器械常在混乱中丢失。在这样的环境中，以儿童为中心、鼓励创造、教儿童自己思考等美好的理想都化为乌有。

我们发现，最近二三十年间出现了大量关于"婴幼儿学习者"的研究资料，它们可以直接为早期教育者提供重要启示。本章主要基于进化心理学（研究人类大脑的进化）和神经科学的研究，结合近期关于儿童的心理学研究成果，提出本书所涉的各个主题的整体指导思想。本书倡导的基本观点是，情感对学习有重要影响，人类的学习本质上是一项社会性活动，真实而有意义的经验和情境对学习非常重要。本书余下章节将对上述主题进行更深入的探讨，揭示关于儿童及其发展的新知识对指导我们为儿童提供真正优质的教育服务有多大帮助。这样的教育可以支持所有儿童发挥自己的长处，帮助他们成为学习者并成人。

参考文献

DfEE/QCA（2000）*Curriculum Guidance for the Foundation Stage*. London: DfEE.

DfES（2006）*The Early Years Foundation Stage*. London: DfES Publications.

Featherstone, S. and Bayley, R.（2001）*Foundations of Independence*. Lutterworth: Featherstone Education.

Guha, M.（1987）'Play in school', in G. M. Blenkin and A. V. Kelly（eds）*Early Childhood Education*, London: Paul Chapman.

Moll, L. C.（ed.）（1990）*Vygotsky and Education*, Cambridge: Cambridge University Press.

Rogers, C. and Kutnick, P.（eds）（1990）*The Social Psychology of the Primary School*, London: Routledge.

Schweinhart, L. J., Barnes, H. V. and Weikart, D. P.（1993）*Significant Benefits: The High/Scope Perry Preschool Study through Age 27*. Ypsilanti, MI: High/Scope Press.

Sylva, K. and Wiltshire, J.（1993）'The impact of early learning on children's later development: a review prepared for the RSA inquiry "Start Right"', *European Early Childhood Education Research Journal*, 1, 17–40.

Sylva, K., Melhuish, E. C., Sammons, P., Siraj-Blatchford, I. and Taggart, B.（2004）*The Effective Provision of Pre-School Education（EPPE）Project: Technical Paper 12—The Final Report: Effective Pre-School Education*. London: DfES/Institute of Education, University of London.

TDA（2006）*Qualifying to Teach*. London: TDA.

Tizard, B. and Hughes, M.（1984）*Young Children Learning*, London: Fontana.

Watson, J. S. and Ramey, C. T.（1972）'Reactions to respondent-contingent stimulation in early infancy', *Merrill-Palmer Quarterly*, 18, 219–27.

Whitebread, D.（1995）'Emergent mathematics or how to help young children become confident mathematicians', in J. Anghileri（ed.）*Children's Thinking in Primary Mathematics: Perspectives on Children's Learning*, London: Cassell.

Whitebread, D., Anderson, H., Coltman, P., Page, C., Pino Pasternak, D. and Mehta, S.（2005）'Developing independent learning in the early years', *Education 3 – 13*, 33, 40–50.

第一章 前言

Whitebread, D. , Bingham, S. , Grau, V. , Pino Pasternak, D. and Sangster, C. (2007) 'Development of metacognition and self-regulated learning in young children: the role of collaborative and peer-assisted learning' , *Journal of Cognitive Education and Psychology*, 6, 433–55.

Williams, J. (2003) *Promoting Independent Learning in the Primary Classroom*. Buckingham: Open University Press.

发展心理学与早期教育

第二章　情绪发展

关键问题

- 情绪与认知过程是怎样联系的?
- 为什么积极的早期关系对情绪发展很重要?
- 早期教育经历如何给儿童带来情感方面的挑战?
- 为什么有些儿童比其他儿童在情感方面更具弹性?
- 儿童如何学习控制他们的情绪?
- 早期教育工作者怎样给儿童的情绪安全和情绪发展提供支持?

情绪、 发展与学习

在学校和其他教育情境下, 情绪有时被视为一种与学习任务无关的干扰因素, 必须得以控制。事实上, 目前所有对儿童发展的认识都有力地证实, 这是一种误导, 是具有极大潜在危害的观点, 原因至少有两个。

第一, 最好的教育需要关注学生的全面发展, 包括学习识别和管理情绪。这一能力被称作情绪"智力" (Goleman, 1995), 是对儿童发展有重要意义的一项基本生存技能。例如, 儿童对情绪的理解和调节对友谊的建立和在团队中与他人一起高效工作至关重要 (我们将在下一章进行讨论)。

第二，即使把学习狭隘地定义为只是为了发展认知能力和理解力，其本质仍是一个高度情绪化的过程。经过数百万年进化而来的人类，因为有能力去学习、创造性思考、解决新问题，所以才成为一个成功的物种。人类进化为能够享受学习的乐趣，并会因不能理解某些事物而沮丧，这并非偶然。对学习的情绪反应能有力地激发人们学习和为学习付出智力努力的动机。如果我们真的希望帮助儿童发展其作为学习者和作为人的全部潜能，我们就必须认真关注他们的情绪生活和情绪发展。

在哈里·哈洛（Harry Harlow）的精彩传记中，德博拉·布卢姆（Deborah Blum，2002）所描述的因忽视儿童情感需要而导致的不良后果令人心寒。她生动地描述了20世纪前几十年的儿童养育主张（多由行为主义心理学家提倡），以及这些主张如何在当时美国（和英国乃至欧洲）的孤儿院和儿童医院的病房里得以实践。当时大家认为卫生保健最重要，认为情感表达，特别是身体接触，对儿童没什么帮助，因而不予提倡。例如，医院只允许住院的孩子一周见父母一小时，有的还是隔着玻璃见面。渐渐地，越来越多证据显示，孩子们在这种情况下不能茁壮成长，相反，他们变得孤僻，并表现出如今在临床上被称为抑郁症的症状。这才使大家认识到充满爱的情感关系对健康发展有多么重要。

两位了不起的心理学家——美国的哈里·哈洛和英国的约翰·鲍尔比（John Bowlby）在揭示情绪体验和情感关系对儿童发展和学习的重要性方面做出了特别的贡献。哈洛用一生时间研究灵长类动物（主要是恒河猴）的情感生活。他最著名的实验是检验行为主义心理学家提出的论断：儿童是因为得到乳汁这种奖赏才对母亲做出积极反应。他为幼猴提供可以带来多种经验的情境：它们可以接近绒布母亲，她温暖而令人不由得想拥抱，但不能提供乳汁；它们也可以接近金属母亲，抱着不舒服，但身上装有奶瓶。研究结果与行为主义假设相反，幼猴通常花大量时间拥抱绒布母亲，而只在迫切需要进食的时候才去找金属母亲。此外，哈洛还将一些猴子放在只提供金属母亲的环境中，观察它们的行为有怎样的不同。和绒布母亲待在一起的幼猴发展得相当好，而那些只能和金属母亲在一起的幼猴很快变得孤僻和恐惧。例如，当研究者把一个新玩具放进笼子时，绒布母亲的猴子会上前探索，表现出幼小动物身上很典型的天生的好奇心，而这正是学习的基础。而金属母亲的猴子此时却害怕地尖叫，甚至在最远端的角落里瑟瑟发抖。

那些过于羞怯、害怕新体验，并因此在学习上遇到困难的儿童，往往有着（与小猴子）类似的经历。我刚开始当老师是在预备班，当时我接触到一位 5 岁的小女孩，所有迹象都显示她的家中缺乏温暖（她父亲带她来的第一天就说："如果她不守规矩，就给她一个耳光。"）。在学期初的几周内，她总是拉着我，寻求身体接触。在整个第一学期，她只参加过几项活动（主要是水箱活动），后来她有所改善，越来越自信和大胆，甚至在学年末的时候交了一两个朋友，但家庭经验给她学校生涯开始阶段带来的破坏性后果仍显而易见。

英国的儿童精神病学家约翰·鲍尔比（1953）在他的重要著作《儿童保育和爱的成长》（*Child care and the growth of love*）中报告了机构育儿（childhood institutionalisation）的危害，比如在儿童之家或孤儿院，甚至由于因病住院等原因与父母短暂分离等。书中，他回顾了不同早期养护机制对儿童不同影响的比较研究。其中一项研究发现，出生后 9 个月之前被领养的儿童在 10—14 岁时社会成熟度和智商达到正常水平；相比之下，由公共机构养育到 3 岁 6 个月之后才被领养的儿童，两项得分都很低，他们经常焦虑不安，不能集中注意，爱哭，不受其他儿童欢迎，比同龄正常儿童更渴望成人关怀，智商较低（平均为 72.4）。这本书对实践层面非常有影响，带来了儿童之家、孤儿院、儿童医院等机构运行机制的明显改善，人们越来越鼓励以领养替代机构式照管。他在书中提出了"母爱剥夺"理论，该理论对理解幼儿期情感关系对幼儿情绪和智力发展的重要性具有里程碑式的作用，引发了关于依恋的研究热潮。我们将在下文讨论依恋问题。

现代神经科学的研究清楚地揭示了人类大脑中情感和认知过程之间存在很强的联系。大脑的进化大致可以分为 3 个阶段，与人类大脑的 3 个区域相对应（见图 2.1）。最早出现的通常被称为爬行动物的大脑，包括脑干、小脑，主要控制基本的自主活动（呼吸、血流等）和感知觉（视觉、嗅觉等）。进化的第二部分通常被称为哺乳动物的大脑，是负责情绪反应及激发和调节行为的边缘系统。在最简单的、最早进化的哺乳动物的大脑中，边缘系统只进行完全无意识的适应过程，做出"战或逃"的反应。进一步进化的哺乳动物，包括灵长类，特别是人类，其边缘系统与大脑的最新发展部分，即大脑皮质有错综复杂的连接。人类的大脑皮质高度发达，使人能够有意识，包括自觉意识和情绪调节。

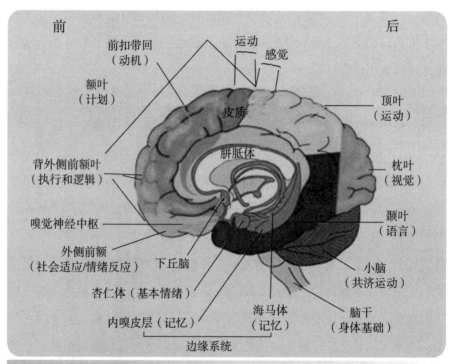

图 2.1　人类大脑结构

来源："你的大脑和它在做什么"，www.brainwaves.com，艾伦·D. 布拉格登（Allen D. Bragdon）出版社

20 世纪 40 到 50 年代，人们通过对精神病患者的研究首次发现额叶皮层与社会和情绪行为的管理有关。这些病人做了全部或部分的前脑叶白质切除术，切断了额叶皮层与大脑其他部分之间的联系（令人高兴的是这个手术现在已被终止）。例如，科尔布和泰勒（Kolb and Taylor, 2000）记录过一个病例，病人叫阿格尼丝（Agnes），她的生活被那个手术毁了。她失去了计划能力，不能组织安排自己的生活，同时也失去体验情感的能力，不能通过面部表情、语气等理解或表达情感。

从本质上讲，人类大脑通过以下过程发挥其功能：来自环境的信息经由人的感觉器官传至感觉皮层，同时也传至杏仁体和海马体（这些部位与情绪的表达和调节有关），以及和高级思维、决策等活动有关的前额叶和扣带回皮层。随后，这些大脑区域对信息进行处理，并将指令传递给下丘脑，后者再激发动机行为。大脑的前扣带回皮层活动很好地体现了情绪过程与认知过程之间的紧密联系。关于这个皮质区域的活动有非常多的研究，这些研究发现，这一区域既与识别认知冲突（如同时遇到两种信息，它们会带来截然不同的行动）有关，也与痛苦或情绪困扰的体验有关。

依恋： 情感温暖、 敏感性和反应性的重要性

哈洛和鲍尔比的研究激起了大量关于儿童早期情感生活的研究。在本节中，我想简要讨论两个领域的研究，它们都对早期教育实践有重要启示，都关系到情感温暖、敏感性、反应性在儿童情绪健康发展中的重要性。这些研究与早期情感关系、身体接触和安抚有关。

鲍尔比的成就在于，他提出了早期情感"依恋"的重要性。他对依恋的界定广为人知。

人们相信，对心理健康必不可少的是，婴幼儿要体验一种与母亲（或固定的"替代母亲"，这个人会一直像母亲那样照料婴幼儿）之间温暖、

亲密、持续的关系，这种关系使双方在其中得到满足并获得乐趣。（Bowlby，1953，p.13）

后续研究非常赞同鲍尔比关于依恋重要性的观点。这一观点也在不断得到发展和完善。尤其是玛丽·安斯沃思和她的同事（Mary Ainsworth et al.，1978）以及鲁道夫·谢弗（Rudolph Schaffer，1977，1996）在此方面做了很多研究。谢弗（1996）将依恋定义为"与某特定个体之间的持续的情感联结"，并列出儿童依恋的几个基本特点。

- 选择性，即只针对特定的某个人。
- 寻求身体接近，即努力保持与依恋对象的亲密关系。
- 提供舒适和安全感。
- 断开联结或不能接近依恋对象就会产生分离焦虑。（p.127）

毫无疑问，儿童确实形成了如上描述的依恋关系。谢弗在其早年研究中观察了婴儿的日常分离情境（如母亲离开，由一个陌生保姆照料）。他发现，7—8个月的婴儿在这种情境中有明显的行为改变，而比这些婴儿年龄小的婴儿没有表现出对母亲的特别偏爱；大约从这个年龄起，母亲出现时婴儿会有相应反应，而母亲不在身边他们就会表现出分离焦虑。著名的"陌生人恐惧"行为也大约出现在这个时候。

谢弗等人的研究表明，依恋并非只形成于婴儿与母亲之间，也并不是"持续"照料的必然结果。例如，一项对60个婴儿从出生至18个月的生活开展的研究发现，大多数婴儿到这个年龄形成了多重依恋，甚至一些婴儿虽然每天只有部分时间与父亲见面，但对父亲的依恋却更多。事实上，跨文化研究发现，在有些社群，多位成人一起照料婴幼儿是正常的，不会带来明显的心理损害。鲍尔比最早提出，最初的依恋只能在婴儿生命的头两年内形成，这一论断没有得到后续研究的支持。虽然早期建立依恋关系最为理想，但关于年幼时由公共机构养育而后被家庭收养的儿童的研究表明，年龄稍大时也可以建立有益的依恋关系。即使儿童遭受严重的情感剥夺，如 20 世纪 90 年代在罗马尼亚孤儿院发现的案例，其中一些儿童已经超过了 5 岁半，他们在被收养后也能够与新的照料者建立情感联系。

对早期依恋和儿童情感健康具有重要意义的是早期交往和关系的质量及一致性。这比他们与谁在一起、被照料多久、有多少照料者、什么时候形成最初的关系更为重要。毋庸置疑，婴幼儿会积极响应那些能提供被谢弗称为"有趣而好玩的刺激"（p. 137）的成人，以及对他们的需要和情绪能做出敏感反应的成人。

测评依恋关系的质量及其前因后果，这是玛丽·安斯沃思的研究重点。她曾是鲍尔比的学生，她同多位同事合作，设计和开发出陌生情境测验这一研究方法，对 12—18 个月大儿童与其母亲之间的依恋关系质量进行测量（Ainsworth et al., 1978）。这一测验的基本过程是：儿童与母亲分离，儿童与一个陌生人单独待在一起，儿童独自一个人，再次与其母亲团聚（见图 2.2）。

研究者在上述过程中观察儿童的行为模式。英国和其他国家的一系列研究揭示出"安全型依恋"儿童的一种典型行为模式，以及另 3 种被认为是"不安全型依恋"儿童的行为模式。安全型依恋的儿童更喜欢母亲而不是陌生人，他们向母亲寻求身体接触，在母亲离开房间时有些不安。当母亲再次出现时，这种不安会迅速缓解。令人高兴的是，这是在英国样本中最常见的依恋模式，其他国家如日本、德国、美国，也是如此。在不安全的行为模式中，英国样本最常见的是"回避型"。这种类型的儿童对母亲没有表现出比对陌生人更多的偏爱，在母亲返回时回避与母亲接触。在"抗拒型"或"矛盾型"等不安全模式中，儿童在母亲离开时表现得极度不安，但母亲返回时他们又拒绝母亲的安慰，有时寻求接近，有时又抗拒接近，不时表现出对母亲很生气。最后，在被称为"紊乱型"的模式中，孩子表现出困惑和忧虑，但对情境的反应没有明确的行为模式。

这个过程需要实验者和母亲合作完成一系列事件。在此过程中，儿童的行为通过录像或是由坐在单向玻璃后的观察者记录下来。

1. 孩子和母亲被带进一个布置好的舒适的游戏实验室，孩子有机会探索这个新环境。

2. 孩子不认识的一位成年女性进入房间坐下，以友好的方式先与母亲交谈，再与孩子交谈。

3. 陌生人与孩子说话时，母亲依照事先预定的信号悄悄地离开房间。

4. 陌生人试图与孩子互动。

5. 母亲返回房间，陌生人离开，母亲与孩子在一起。

6. 母亲走出房间，留下孩子一个人在那里。

 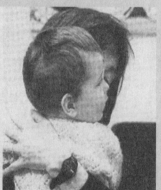

7. 陌生人返回并和孩子一起待在房间里。

8. 母亲再次返回房间。

每个分离事件最多持续3分钟，但是如果孩子非常痛苦则可以缩短。

根据孩子指向照料者的下列行为对录像进行编码：

· 寻求接触；
· 保持接触；
· 回避接触；
· 抗拒接触。

图 2.2 安斯沃思的"陌生情境"

来源：Cowie, 1995

对上述不同行为模式的解释有很大争议。很明显，儿童之前与母亲的分离经历对他们在陌生情境中的反应模式有所影响。或许因为这个原因，在不同国家，由于婴幼儿与母亲分离的经验各不相同，因此3种不安全依恋模式的比例有很大差别，如日本的"抗拒型"比例比英国高很多。还需要注意的是，对长期入托儿童的依恋表现做出判断时需要特别谨慎，他们所表现出的"回避型"行为也许可以解释为一种独立自主的表现。

关于依恋模式形成原因的研究主要关注两个方面，一是成人照料者的敏感性和反应性，二是儿童的气质。显然，双方互动的质量取决于这两个因素。然而，尽管儿童很早就表现出气质方面的个体差异（如活动水平、注意分散程度、反应性等），由此给父母和照料者提出了不同的挑战，但所有儿童都会积极响应成人极具敏感性和反应性的互动，能够形成安全型依恋。德金（Durkin，1995）回顾了对这一领域的大量研究，例如，儿童通常和不同成人形成不同的依恋模式，成人的养育方式比儿童的气质类型更能预测依恋模式。例如，大量的临床研究表明，父母的压力和抑郁常常与不安全依恋模式有关，而有行为问题的儿童的依恋模式却呈正常分布（大多数是安全型依恋）。此外，对于那些从虐待或忽视他们的家庭离开并被收养的孩子，敏感性很高的养父母可以使他们形成安全的依恋模式。

至于依恋的后果，目前没有直接证据说明早期依恋模式会在多大程度上造成长期影响。事实上，在充满关爱的高反应性环境中形成安全型依恋的儿童，往往整个童年都一直生活在这样的家庭环境中，而不幸居于被忽视、缺乏回应、虐待环境中的儿童，可能到青少年时期仍然居于这样的环境。因此，很难确定是婴儿期的依恋模式还是当前的经验和情感支持决定着青少年的精神健康、幸福感、社会关系质量和在校表现等。

当然，有两个方面的研究能够提供有力的证据，说明早期的不安全依恋模式具有潜在的破坏性后果。其中之一研究了长期的应激经验给儿童带来的后果。这种经验往往与不安全型依恋有关。格哈特（Gerhardt，2004）回顾了这种经验导致生理和心理创伤的大量研究证据，这些创伤是由于应激激素即皮质醇长期处于较高水平而带来的。这是我们的肾上腺的自然反应，当边缘系统检测到某种危机时，它会拉响整个身体的红色警报，以使我们做出或战或逃的反应。它指挥我们身体里的能量资源都去应对导致应激反应的危机，因而无法处理常规的生理和大脑功能，包括免疫系统和负责记忆功能的大脑区域。引起这种反应的是由不可预知的社会情境所带来的恐惧或不确定性，后者往往与不安全的依恋模式有关。格哈特指出，这种反应机制对于处理短暂的危机是十分必要和有用的，但如果一个人长期处于这种状态，则可能带来极大的破坏性后果。已有研究发现，这种后果包括免疫系统反应失灵，因丧失行为控制能力而增加攻击性，因海马体神经元丧失而影响学习和记忆的能力。最令人担忧的是，海马体受损还会影响个体应对压力的能力，使他们被压力打垮，或者在经历相对较小的困难或挫折时也感到焦虑。

格哈特报告了威斯康星大学的一项研究（Essex et al.，2002），这个研究非常有力地揭示了早期压力经验的重要影响。该研究追踪了 570 名儿童，从胎儿期到 5 岁。在对 4 岁儿童的应激反应水平进行测试时，研究者发现，在与处于压力状态的母亲一同生活的孩子中，有一部分应激反应水平很高，而当他们还是婴儿的时候，其母亲的应激反应水平或抑郁程度就很高。换句话说，这些孩子很容易对生活中的困难做出过度反应，而之前与母亲的关系没遇到过麻烦的孩子却更能够控制自己的应激反应。

关于早期依恋后果的另一个研究领域与鲍尔比提出的母爱剥夺理论有关。根据他的观点，儿童依据自己的早期关系形成对社会关系的"内部工作模型"，即儿童期望其他成人的行为与父母和早期看护人员一样，并期望与他们建立同样的关系。有些研究显示，这种工作模型对个人关系质量的影响可能持续到成年阶段，甚至当他们为人父母时，影响其与孩子之间的关系。这些研究结论不太确定，因为这些研究通常依赖于成人对自己童年的回忆，而回忆显然很容易出错。然而，可以确定的是，儿童的确对成人及与他们的关系有所预期。有很多研究证实这一点，这也符合我们的日常经验。这种预期体现了儿童偏好稳定和可预测的环境，我们在前一章讨论情绪安全和控制感时也有相应论述。

这个领域研究的重要结论是，尽管育儿实践有明显的文化差异，依恋质量的前因后果并不总像安斯沃思最初提出的那样清晰，但显而易见，儿童对若干成人建立起安全依恋关系是有益的。许多早期教育工作者会自然而然地与他们照料的儿童形成情感关系。有些人认为这不恰当，不符合专业要求，甚至很危险。然而，基于我们在这一章回顾的研究证据，我想说这些人的观点是错误的。鉴于儿童的敏感性，只有当他们能与照料他们的成人形成温暖且安全的情感依恋关系时，他们才能从中获益——这些成人包括早期教育机构中的保教人员——被儿童依恋的成人也会从中获得愉悦。这并非偶然，而是进化的结果，成人天生就会关心儿童并对他们的需要保持敏感。如果我们放松下来，自然地与儿童交往，并享受这个过程，那么儿童无疑会从中获益。

依恋研究得出的另一个关键信息是，儿童的情绪健康并非有赖于某一个成人的持续关注。儿童很小就自然地形成多重依恋关系并从中受益。鲍尔比的著作曾指出，在儿童早期，母亲外出工作和将儿童送入托幼机构会使儿童产生焦虑，然而大量研究表明这种观点是错误的。儿童与不同成人之间的关系质量（即相应成人的情感温暖、敏感性、反应性）以及这些关系的一致性才是最重要的。这最后一点是因为儿童有让环境保持一致的基本需求。有两个常见的例子，一是儿童非常偏好有规律的生活作息，二是他们喜欢一遍又一遍地听熟悉的故事。它要求单个成人以及不同成人之间的行为都要有一致性。儿童期待着有一定的规则，并且这些规则还要能持续执行。我们在随后有关教养方式的章节还会讨论这一问题。当成人自己的行为一致，且不同成人之间保持一致、具有可预见性时，儿童最能感到安全。正是由于这个原因，父母与其他照料者及早期教育专业工作者之间建立良好沟通是至关重要的。

在结束这部分关于情感温暖和敏感性的讨论之时，我想回顾一项关于儿童与身体接触的关系的研究。这是一个值得讨论的重要领域，因为它是目前早期教育界一个有争议的领域。此时我想起了德博拉·布卢姆关于20世纪四五十年代孤儿院中婴幼儿的令人痛心的描述。为了防止感染，孤儿院严格禁止工作人员触碰这些儿童。现在，出于其他原因，有人建议早期教育工作者避免与儿童发生不必要的身体接触。但我想指出，关于儿童和身体接触关系的研究表明，这些建议是错误的。

这个领域的早期研究源于哈洛的绒布母亲实验。幼猴明显渴望一种柔软的触感（儿童也常常对他们钟爱的亚麻床单或可爱的泰迪熊表现出深深的迷恋，显然有这种渴望的不仅仅是幼猴）。布卢姆回顾了一系列关于老鼠的实验，发现母鼠轻舔幼鼠可以刺激后者产生生长激素，这对幼鼠正常而健康成长十分必要。事实上，用浸湿的毛刷替换母鼠可以达到同样的效果。关于人类婴儿，具有突破性的一项经典研究是20世纪80年代在迈阿密大学进行的（Schanberg and Field, 1987）。研究人员对一组早产儿进行每天3次、每次15分钟的抚触，结果发现，这组儿童的生长发育比按标准程序隔离的早产儿快50%。接受抚触的儿童一年后仍然表现出认知和体能上的优势。图2.3显示了令人感动的早产双胞胎凯里（Kyrie）和布赖尔（Brielle）案例（报道者是Diamond and Amso, 2008）。这个个案引发的让早产双胞胎"合床睡"的实践取得了同样的积极结果。后续研究证实，无论是主动的按摩还是被动的身体接触，都可以改善迷走神经（副交感神经系统）的敏捷性和灵活性，因而带来各种情感和认知的益处。

自这些研究之后，婴儿抚触已成为医院的常规项目，也得到全球母婴课程的广泛关注。它激发了很多其他关于抚触的益处的研究，包括父母与孩子之间、护士与老年患者之间、治疗师与抑郁症或其他精神疾病患者之间、教师与儿童之间，等等。所有研究都发现，抚触对情绪健康、自尊、坚持性等方面有明显好处。有一项实验要求教师在表扬或鼓励儿童时要么拍拍儿童手臂，要么不接触他们。结果发现，两种做法对儿童的自尊心、动机甚至学习带来了戏剧性的差异。这些研究对早期教育实践的启示显而

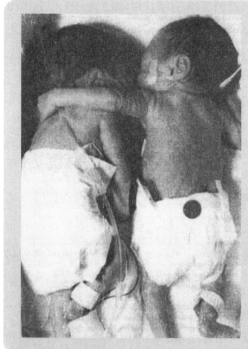

合床睡的早产双胞胎。提前12周出生的这对双胞胎最初被分开放入两个保温箱。右边是凯里，老大，比妹妹重两磅，平静地睡着，但是布赖尔（左）却有呼吸和心率问题，体重也不增加，有人来安慰她时会表现得很烦躁。最后，一名护士违反医院规定，将两姐妹放在一起。当布赖尔昏昏欲睡时，凯里用胳膊搂着她的小妹妹。布赖尔开始茁壮成长。两个孩子比医生预期的时间提早回家。现在一些医疗机构也采用此法，减少了儿童的住院时间。

图 2.3　早产双胞胎合床睡
来源：Diamond and Amso，2008

易见。儿童会从他们依恋的成人那里寻求身体接触和安抚，成人的主动接触及通过身体接触进行的安抚可以使儿童缓解压力，并在情感和认知方面获得很多益处。具有讽刺意味的是，我们在这一章回顾的众多研究证明，出于保护儿童免受可能伤害的目的而阻止儿童与其照料者之间的身体接触可能会适得其反。

心理韧性：情感表达和理解、移情、情绪调节的发展

儿童首次接受专业化的照顾和教育，这当然是一种情感方面的挑战。因此，毫不奇怪，对许多儿童来说，从家到保教机构或学校的过渡可能会成为一个困难时期。帮助儿童应对这种转换，并帮助他们发展有效过渡所

需要的心理韧性，这是最近许多研究关注的主题，目前已有一批优秀的专著出版（Brooker，2008；Cefai，2008）。这些研究所传达的重要信息与我们在这一章讨论过的许多观点一致。形成安全依恋关系的儿童面对这种转换时表现出更多的心理韧性，成人和教育机构为加强衔接所做的努力可以在一定程度上缓解儿童在此过程中感受的情感压力。由于家庭、托幼机构、学校之间或多或少存在文化上的差异，而儿童却需要他们的世界保持一致性和可预测性，因此，为了帮助儿童顺利过渡，父母与早期教育机构工作者之间进行广泛而深入的交流是极其重要的。然而，这一点之所以特别重要，是因为儿童可以通过这一过渡阶段学会表达、理解和调节自己的情绪，同时学会理解他人情绪并产生移情。这便是我想在本章最后一部分讨论的问题。帮助儿童顺利适应另一种转变，即从依赖成人控制和管理他们的情绪转变为自我管理、自我调节，这是早期保教人员的一项重要工作内容。为了有效支持儿童顺利度过这一阶段，我们首先要理解这一时期儿童情绪发展的本质。

儿童生来就有情绪体验。他们面临的任务是学会恰当地表达情绪，理解自己和他人的情绪，调节或控制自己的情绪。这种学习对很多方面有益，对儿童发展成为一个拥有社交技能的独立个体至关重要，能使他们结交朋友，与他人建立有效联结（这一点将在下一章讨论），在生活中体验兴奋或失望时都能应付自如。哈里斯（Harris，1989）和道林（Dowling，2000）对涉及儿童情感发展的研究进行了综述。很明显，我们的情绪体验有着明显的生物性因素，同时正如人的发展的其他方面一样，也有明显的文化因素，后者是儿童在养育他们的社会和文化环境中学到的。可以确定的是，在婴儿早期，世界各地的儿童都会表达一些基本情绪，包括愉快、恐惧、悲伤、惊讶和愤怒。这些基本情绪的表达方式似乎具有跨文化的普遍性。研究表明，即便是与外界隔绝的偏远部落的人们，也会表现和识别与7种基本情绪（上面列出的5种，再加上兴趣、厌恶）对应的面部表情。然而，正如我们在本章前面讨论的，人脑管理情绪和认知的区域之间有很强的联结，随着大脑额叶在个体生命早期的成熟，基本的情绪体验和表达很快受到认知过程的影响，知觉、理解、评价、调节等认知过程对情绪的控制也越来越多。在儿童进入早期教育机构一段时间后，他们越来越多地根据对自己经历的解释、对他人意图和感受的了解、对特定场合情感表达习俗的理解等做出情绪反应。与所有学习一样，儿童在情绪发生的情境中学会理解情绪。儿童远不像皮亚杰当初提出的那么"自我中心"，他们在发展早期就开始理解他人意图，能对经历着痛苦和不幸的人表现出同情和移情反应。这些发展与儿童的"心理理论"相关，下一章将继续讨论。

这些研究对教育实践的最重要启示在于，儿童在其发展早期就开始理解自己和他人的情绪，他们在体验和讨论情绪的活动中能获得极大益处。发展情绪理解力是想象性角色游戏的一项重要任务（我们将在第四章讨论），但也可以通过在家或在保教机构围绕故事和真实事件展开讨论来有效促进。很多研究都支持这样的观点，即成人与儿童讨论他们各自的情绪体验可以使儿童的情绪理解变得更清晰和更成熟。怀特（White，2008）和其他一些研究者倡导一种叫作"围坐时间"（circle time）的活动，这种活动可以使上述讨论成为早期教育实践的常规组成部分，成为一种比较正式的教育活动形式。

上述讨论活动要取得好的效果，关键在于参与讨论的成人的敏感性和反应性。根据预定程序按部就班地组织讨论对儿童没什么用处（像有的学校按照《个人与社会课指南》所开展的活动似乎也不太成功）。参与讨论的成人需要对儿童的当前经验做出反应，这又要求他们对儿童的经验和理解水平保持敏感。在这方面，格罗斯（Gross，1998）关于情绪调节过程的分析特别有用。这些情绪调节过程的发展可以在儿童早期观察到。他列出了个体管理和应对情绪体验的 5 个过程。下面是这 5 个基本过程，其中结合了我的博士生休·宾厄姆（Sue Bingham）观察得到的例子（在此特别感谢休）。

1. 选择情境： 可以接近或避开的人、 地方或物品

女孩快走到沙箱时，她绕到一旁，停留一会儿，望了望已在沙箱玩的3个男孩，他们发出阵阵喧闹声；她小心翼翼地望了两分钟，偶尔转身看看老师是不是在附近，最后皱着眉头走开，去找别的活动。

2. 变换情境： 与聚焦问题的应对方式相似

在班级的"围坐时间"，孩子们都坐在地毯上，一个男孩摆弄着另一个男孩的鞋，后者把前者的手推开（面露愠色），但前者继续摆弄后者的鞋；后者举手，问老师他是否能挪到别的地方，然后他挪开（表情变回正常）。

3. 调节注意： 分散注意、 专注、 沉思

男孩捧着午餐托盘排队等候，看到队伍前面有人插队，他开始用托盘拍腿（面有愠色），接着把刀、叉、汤匙放进餐盘开始玩，将餐盘弄成斜面，让餐具从一边滑向另一边，而且不掉落（脸上流露出些许愉快的表情）。

4. 改变认知： 转变对某个情境的评价

老师让一个女孩选一首歌让全班唱。她选了《十个绿瓶子》这首歌，有几个孩子嘟囔着，因为他们不想唱这首。女孩脸红了，用手捂着耳朵（表情很窘迫）。当其他孩子唱歌时，她坐在座位上，低头向下看，没有和大家一起唱，她眨眨眼（抑制住眼泪，表情很忧伤）。两分钟后，她瞟了瞟坐在她两边的孩子（表现出感兴趣的表情），又过了一分钟，她抬起头，加入了唱歌（表情变回正常）。

5. 调整反应： 影响到再评价的结果， 表现为对情绪反应行为的调节

孩子们坐在地毯上"签到"，老师请当天的小助手——一个小女孩选

一个朋友把签到表送去学校办公室。小女孩看了看她的朋友们，几个孩子举手并小声表示希望被选上。女孩选了她最要好的朋友，此时一个男孩大声地说："噢不，我就知道！那不公平！"老师回头看了看他，扬起眉毛露出惊讶/生气的夸张表情，用"警告的"语气叫他的名字。男孩的表情从皱眉（有些愤怒）变为微笑（被迫做出的愉快表情）。

我相信，从事早期教育工作的人都会承认上述情形会发生，但同样重要的是能认识到这些经验的重要意义——它们反映了儿童情绪发展的成就。在儿童从依赖成人帮助应对情绪转变为独立应对情绪的过程中，我们需要仔细考虑我们作为成年人该如何支持这一过程。有关情绪教育的研究都表明，对于儿童的情绪，重要的是给予认可和接纳，而不是否认和忽略。例如，当一个儿童伤心时，告诉他要振作，这从来都不管用，因为如果他能做到，那么他应该已经这样做了。此时比较有效的做法是，成人尽可能花些时间与儿童讨论，他们有怎样的感受以及为什么，或者与儿童分享自己的相似经历，又或者在稍后的"围坐时间"以此为引子组织讨论。随着时间推移，这些做法会帮助儿童掌握独立应对情绪的认知工具。

正如我在本书第一章提出的，这应当成为我们的指导原则。如果我们要帮助儿童成为有效的学习者，使他们具备一定的个人和社会技能来应对生活挑战，我们就必须考虑如何支持他们对自己的学习和发展承担责任。我想用一个非常好的教育实践案例作为本章的结尾。这个案例来自于我在第一章提到的剑桥郡独立学习项目。图2.4是这个案例开始的情形。这是在托儿班的教室里，一个3岁男孩正在尝试穿上消防员服。他的朋友已经穿上了警察外套，戴上了头盔，等着和他一起玩。他希望尽快穿好衣服，但是遇到了困难。这种情形很明显会使他感到沮丧、愤怒、伤心。我们在图中看到的那位老师可以很轻易地解决这个难题——快速帮他穿好衣服，避免引发更多的苦恼。但事实上，她所做的是对男孩表现出关注（和他谈论他面临的问题，并一直把注意力放在他身上），提供情感支持（一直保持微笑，当衣服掉到地上时善意而搞笑地捡起来，热情地鼓励他，对他完

问题

愉快的结果

图2.4　儿童穿消防员服：支持情感发展

成的每一个动作都表示欣喜），给予清晰的视觉化的指导（演示"把胳膊伸进去"）。通过这些帮助，男孩经过两三分钟的努力和坚持，最终完全靠自己穿好衣服。男孩脸上洋溢着喜悦，表露出明显的成就感。很明显，优秀的教育实践将这件简单的日常小事转化为一次有效的学习。接下来的两周，这个男孩到托儿班首先想到的就是穿上消防员服。不言而喻，这个小男孩从这件事中学到了坚持、情绪控制、自我效能感。

本章小结

本章开始部分讨论了情绪在学习中的重要作用，以及情绪发展对儿童的特殊意义。我们回顾了相关的神经科学研究、动物实验、有关儿童母爱剥夺和情感剥夺的研究、对普通儿童情绪应对的观察等，这些研究证据有助于我们理解情绪发展和学习的本质，以及成人如何促进和支持儿童发展对情绪的自我调节能力。

上述研究发现的关键要素有情感温暖、反应性、教养行为的一致性、儿童与重要成人建立安全依恋关系等。我们回顾的研究发现还有：身体接触是成人与儿童建立关系的一个重要组成部分；儿童识别、表达、调节情绪的发展过程和他们的情绪表达方式；成人对儿童情绪发展的影响等。最后，本章探讨了儿童对学习的情绪反应以及他们在学习中的情绪体验。儿童刚入园和刚上学时情绪方面会面临特殊的挑战，人们通常会忽略这些挑战。此时最为重要的是为儿童提供情感支持，帮助他们适应新角色，成为有信心的学习者。本章讨论了与此相关的教育实践要点及影响因素。根据情绪发展领域的研究，可以对早期教育实践提出很多建议，以下是我想强调的几点。

- 儿童寻求与照顾他们的多个成人建立多重情感依恋关系，如果相关成人让这种安全依恋关系形成，那么不仅对儿童近期的情绪安全有极大益处，而且可能给儿童发展带来长期的积极影响。
- 幽默风趣、对儿童的情感需要有较高敏感性和反应性的成人最容易与儿童形成安全依恋关系。
- 作为依恋过程的一部分，儿童寻求与相关成人的身体接触。成人可以有效地做出回应，包括让儿童与自己保持身体接触，通过主动的身体接触对儿童表示关注、鼓励、表扬等。
- 儿童的情绪安全还依赖于照顾他们的成人在行为和期望上的一致

性，既包括单个成人行为与期望的一致性，也包括不同成人之间的一致性。为此，明确的期望、清晰的常规、照料者之间经常而广泛的沟通是非常有益的。

- 照顾和教育儿童的成人需要对儿童在情绪方面面临的挑战保持敏感，关注他们在表达、理解、调节自己情绪，以及理解和回应他人情绪方面的努力和发展。
- 对儿童的情绪表示认可是很重要的。成人可以通过示范、讨论、情感支持等，为儿童提供认知工具，帮助他们学会独立应对各种情绪。
- 与情绪困境有关的事件应该被视为学习的机会，而不是令人烦恼的干扰课程实施的因素。成人应该克服替儿童解决困难的欲望，要帮助他们通过自己应对困难而获得满足感，从而从困境事件中学有所得。

 问题讨论

- 我们如何判断儿童是否形成了安全依恋？
- 我们如何组织环境或教室以便为儿童的情绪安全提供支持？
- 我们可以通过什么方式观察和支持儿童发展移情能力和对他人的社会理解？
- 成人何时及怎样恰当地与儿童身体接触？
- 当儿童表现出情绪困扰时，怎样才是最好的回应？

 **观察活动**

1. 情绪安全的指标

了解儿童在某个情境中情绪安全的一个关键指标是他们参与活动和游戏的质量。因此，需要观察班上的儿童，评估他们的参与水平。为做到这一点， 我推荐读者使用《列维斯幼儿参与量表》（Leuven Involvement Scale for Young Children， Laevers， 1994）， 这是帕斯卡尔等人（Pascal et al.， 2001） 研发的， 曾用于有效早期学习项目（Effective Early Learning， EEL）。 下面是对这个量表的简单介绍（也可以从互联网上下载）。

对每个儿童每周观察 2 次， 每次分 3 个时段， 每个时段观察 2 分钟。 这样一周有 6 个时段， 总共持续 12 分钟。 每个时段都记录儿童是否有以下的参与行为表现， 以及相应行为表现的程度。

- 专注： 儿童不容易分心。

- 活跃： 儿童在活动中投入很多努力。

- 复杂性和创造性： 儿童对自己提出挑战， 扩展任务， 开发新的做事方法。

- 表情和姿态： 儿童的表情和姿态表明他们很愉快， 意志坚定。

- 坚持性： 即使遇到困难， 儿童也能持续活动很长一段时间。

- 精确性： 儿童关注活动的特定方面。

- 反应时间： 儿童很机灵， 对活动中的事件反应迅速。

- 语言： 儿童表达出在活动中感受到的快乐以及再次活动的愿望。

- 满足感： 儿童对他/她的成就表现出满足感。

根据上述记录可以对儿童的参与程度做出如下评估。

- 水平 1——活动水平低： 活动是重复性或被动进行的； 缺乏认知需求； 儿童不活跃； 儿童走神。

- 水平 2——活动时常中断： 儿童参与了活动， 但在观察期间， 有一半的时间没有活动或活动水平很低。

- 水平 3——活动基本持续： 儿童按部就班地忙于活动； 活跃程度和专注度很低； 儿童容易分心。

- 水平 4——持续活动且有些时候高强度参与： 儿童仍在水平 3， 但有些时候特别认真， 有很多参与行为表现， 且不容易分心。

- 水平5——持续的高强度活动：儿童投入持续的高强度活动；并非所有的参与行为都有所表现，但至少表现出专注、活跃、创造性、坚持性。

这一量表提供了一系列指标，供教师在具体教育情境中判断哪些儿童参与得更多（他们的情绪安全情况更好）。它也是评估单个儿童的进步和审视你自己的教育实践适宜性的有用工具。我们知道，如果儿童对当前从事的活动很感兴趣，被这些活动深深吸引，那么他们会积极投入活动。按照列维斯的观点，这会使他们从活动中学到很多。

2. 观察情绪表达和情绪调节

在学年开始的几周内，观察一个新班级的儿童，每当发现儿童表达强烈的积极或消极情绪时就做记录。列出儿童表达的情绪以及这些情绪出现的情境。比如，你可能记录了此类场景：到校、与家长告别、户外活动、体育课前换衣服、分组游戏、坐在人群中，以及其他带来情绪变化的情形。

选出一种情境，观察多个儿童，尝试判断他们如何应对强烈的情绪体验。试着将你观察到的策略按照本章提出的分类系统进行归类：选择情境、变换情境、调节注意、改变认知、调整反应。

依据你的观察，在"围坐时间"组织儿童讨论：我们什么时候会有强烈的情绪体验以及我们如何应对。要注意保持平衡，不要只聚焦于负面情绪。可以讨论是什么让我们感到自豪、快乐、兴奋！与孩子们分享你自己的经验和感受。

参考文献

Ainsworth, M. D. S., Blehar, M. C., Waters, E. and Wahl, S. (1978) *Patterns of Attachment: A Psychological Study of the Strange Situation*. Hillsdale, NJ: Lawrence Erlbaum.

Blum, D. (2002) *Love at Goon Park: Harry Harlow and the Science of Affection*. New York: Berkley Books.

Bowlby, J. (1953) *Child Care and the Growth of Love*. London: Penguin.

Brooker, L. (2008) *Supporting Transitions in the Early Years.* Maidenhead: Open University Press.

Carter, R. (1998) *Mapping the Mind.* London: Weidenfeld & Nicolson.

Cefai, C. (2008) *Promoting Resilience in the Classroom: A Guide to Developing Pupils' Emotional and Cognitive Skill.* London: Jessica Kingsley.

Cowie, H. (1995) 'Child care and attachment', in P. Barnes (ed.) *Personal, Social and Emotional Development of Children.* Oxford: Blackwell.

Diamond, A. and Amso, D. (2008) 'Contributions of neuroscience to our understanding of cognitive development', *Current Directions in Psychological Science*, 17, 136–41.

Dowling, M. (2000) *Young Children's Personal, Social and Emotional Development.* London: Paul Chapman.

Durkin, K. (1995) 'Attachment to others', in *Developmental Social Psychology: From Infancy to Old Age.* Oxford: Blackwell.

Essex, M., Klein, M., Cho, E. and Kalin, N. (2002) 'Maternal stress beginning in infancy may sensitise children to later stress exposure: effects on cortisol and behaviour', *Biological Psychiatry*, 52, 776–84.

Gerhardt, S. (2004) *Why Love Matters: How Affection Shapes a Baby's Brain.* Hove: Routledge.

Goleman, D. (1995) *Emotional Intelligence: Why it Can Matter More Than IQ.* New York: Bantam Books.

Gross, J. J. (1998) 'The emerging field of emotion regulation: an integrative review', *Review of General Psychology*, 2, 271–99.

Harris, P. (1989) *Children and Emotions: The Development of Psychological Understanding.* Oxford: Blackwell.

Kolb, B. and Taylor, L. (2000) 'Facial expression, emotion, and hemispheric organisation', in L. Nadel and R. D. Lane (eds) *Emotion and Cognitive Neuroscience.* Oxford: Oxford University Press.

Kolb, B. and Wishaw, I. Q. (2001) *An Introduction to Brain and Behaviour.* New York: Worth.

第二章 情绪发展

Laevers, F. (1994) *The Leuven Involvement Scale for Young Children LIS-YC*, manual and videotape, Experiential Education Series No. 1, Centre for Experiential Education. Leuven, Belgium: Leuven University Press.

Pascal, C. , Bertram, A. , Ramsden, F. and Saunders, M. (2001) *Effective Early Years Programme*, 3rd edn. University College Worcester: Centre for Research in Early Childhood.

Schaffer, H. R. (1977) *Mothering*. London: Fontana/Open Books.

Schaffer, H. R. (1996) *Social Development*. Oxford: Blackwell.

Schanberg, S. M. and Field, T. M. (1987) 'Sensory deprivation stress and supplemental stimulation in the rat pup and preterm human', *Child Development*, 58, 1431–47.

White, M. (2008) *Magic Circles: Self-Esteem for Everyone in Circle Time*. London: Lucky Duck Books/Sage.

第三章　社会性发展

关键问题

- 儿童天生就喜欢社会交往吗？

- 儿童的社会理解（social understanding）是如何发展的？

- 儿童与父母及兄弟姐妹的社会关系的差异会产生什么影响？

- 为什么有的儿童比其他人更善于交朋友？

- 早期教育工作者如何最有效地支持儿童发展人际理解和人际交往能力？

人的社会性

人本质上是社会性的动物。戴维·阿滕伯勒（David Attenborough）曾为英国广播公司（BBC）制作过很多精彩的系列节目，其中一个系列是《哺乳类全传》（*Life of mammals*），其倒数第二集介绍的是灵长类动物：猴子、猿、人。这一集有一个非常恰当的标题《群居的攀爬者》（*The social climbers*）。阿滕伯勒在其中讲解到，在一千万年前，由于地球气候变化，很多森林消失，由此产生许多空旷的草原。这些新的环境条件支持了猿的进化及最终人的进化。在这个阶段，使猿类获得适应性优势的特征是它们进化出组成群体的能力，也就是它们的社会技能。该节目接着介绍了一群狒狒，它们有复杂的社会生活，还在有限的程度上初步表现出相互学习的能力。在节目最后，戴维·阿滕伯勒将一组橡皮泥制成的球体按照从大到小的顺序摆放在一起。他解释说，这些球体代表了不同灵长类动物的大脑，大脑的大小和它们的典型社会群体的大小之间存在着非常密切的关系：丛猴，大脑很小，群体规模是 1 只；疣猴，大脑稍微大一点，群体规模是 15 只；长尾猴，大脑更大一点，群体规模是 25 只；最后，狒狒，大脑最大，群体规模是 50 只。他认为，规模较大的群体具有较高的社会性，集结成群使动物在空旷的草原环境中获得一定的生存优势，这些似乎是促使每一种灵长类动物大脑变得更大的驱动力。

人类必定倾向于组织成庞大的社会群体，这个群体有复杂的阶层结构、社会行为规则以及非常先进的人际理解和沟通能力。进化心理学家认为人类天生就对同类有强烈的兴趣，这绝非偶然。我们对故事、戏剧、肥皂剧、八卦新闻的喜爱都是证据。我们与生俱来的社会属性也是教育的根本。我们这个物种所具备的互相学习的能力与最高级的其他灵长类动物有着质的差别。关于黑猩猩和儿童观察学习的比较研究多次证明，在通过观察学习解决实际问题方面，儿童比黑猩猩的速度快很多。例如，一只黑猩猩看到它的同伴通过移动门闩或转动钥匙打开一个盒子，这对它几乎没什么帮助，因为它通过观察学会开盒子所用的时间与它靠自己尝试用的时间差不多。人类儿童的表现则不同，如果有机会看到成人或其他儿童打开盒子，他们往往能立即成功地打开盒子。尽管其他物种也有年幼者向父母学习的例子，但人类所具有的这种学习能力使我们成为唯一能有目的地教育后代的物种。

人的社会能力（social competence）具有举足轻重的重要性，对儿童的教育经历有两方面影响。首先，儿童在幼儿园和学校的教室和操场上会遇到很多社会挑战，因此，儿童早期形成的社会技能对于他们今后在学校成为一个快乐而有成就的学生有特别重要的意义。当然，除了应对这些挑战之外，儿童还需要形成一种重要的生活技能，即理解他人的观点、情绪、动机、认知。在这方面，我们将主要对有关儿童如何发展与其父母、兄弟姐妹、同伴的社会关系，以及这些关系对其社会技能发展的重要意义的研究展开综述。这是个人发展的一个特别重要的方面，从事儿童教养工作的人们需要特别关注。因为社会能力的发展不仅仅是获得社会能力，它对情绪、动机、认知等其他发展领域的学习也有重要影响。对此，本章主要关注有关儿童"心理理论"（theory of mind）和交友技能发展的研究。

这里直接引出了人类进化对儿童教育的第二方面影响，即我们最有效的学习要在一定的社会情境下进行。儿童正在学习如何成为学习者，因此他们学习的一项重要内容是如何向他人学习以及如何与他人一起学习。我们将在第六章关于学习与语言的讨论中，探讨社会情境、人际关系、合作学习的作用。

与支持儿童自我调节这个主旨相一致，本章结论部分将讨论成人如何最有效地发挥作用，以帮助儿童逐步提高其社会性发展方面的自我调节水平，例如帮助儿童自己解决人际纠纷。本章最后还将讨论有关儿童社会能力发展的知识对早期教育课堂的启示。

儿童的早期社会倾向和能力

同发展心理学研究的其他许多领域一样，关于儿童社会能力发展的基础性研究最初也是由瑞士发展心理学家让·皮亚杰开展的。我们将在第六章对皮亚杰关于儿童学习的研究进行更加详尽的讨论。但为了更好地了解儿童社会能力的发展，我们要看看皮亚杰关于儿童观点采择的研究，该研究考察儿童从他人视角观察情景的能力。研究采用了著名的"三山实验"（Piaget and Inhelder，1956）。在实验中，研究者要求4—12岁的儿童从某个位置观察一个由三座山构成的模型——他们也能看到一个洋娃娃在与自己不一样的位置观察这一模型。研究者要求儿童从一组图片中找出那个洋娃娃所看到的场景图片（见图 3.1）。通常，面对这个任务时，6 岁或 7 岁以下儿童挑出的图片是自己看到的场景而不是洋娃娃看到的。这个实验被皮亚杰用来证明儿童的"自我中心"，或者说儿童缺乏"去自我中心"的能力，不能从别人的角度看问题。

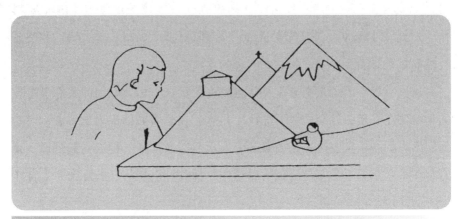

图 3.1　皮亚杰的"三山实验"
来源：Piaget and Inhelder，1956

然而，后续的研究显示，皮亚杰对这个实验结果的解释是完全错误的。儿童不能完成这个任务并不是因为他们无法从他人的视角看问题，而是因为他们对研究者要求他们做的事感到困惑。例如，玛格丽特·唐纳森（Margaret Donaldson）在《儿童的心理》（*Children's minds*）一书中（我们在第六章还会介绍）报告了她的博士生马丁·休斯（Martin Hughes）设计的一项实验。在实验中，研究者要求儿童把一个淘气男孩玩偶藏起来，以免被警察玩偶发现（见 Donaldson，1978，第二章，*The ability to decentre*）。图 3.2a 是这个实验情境的示意图，图中的"十"字形代表了墙，从中也能看出男孩和警察位置。实验中的任务有不同变式，或是要求将淘气男孩玩偶藏起来，让警察无法看到他（比如，藏在区域 A 或者 C，不要藏在区域 B 或 D），或是说出处在特定区域的男孩玩偶是否会被警察发现。在进一步的任务中，实验引入了第二个警察（见图 3.2b），在这种情况下，唯一可以藏身的地方是区域 C。在这个区域内，被试儿童完全能看到淘气男孩，但没有警察能看到他。令人惊奇的是，唐纳森报告说，3岁半到5岁的儿童90%能正确回答这个问题，这证明他们不仅具有从他人视角看情景的能力，而且能同时考虑与自己视角不一样的两个警察的视角。唐纳森把儿童在这个任务上的成功归因于任务本身对儿童来说是有意义的，他们能很好地理解"躲藏"是什么意思，而皮亚杰的三山任务对儿童来说恰恰没什么意义。

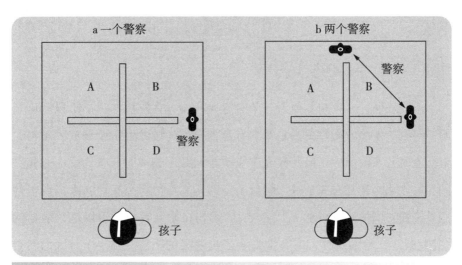

图3.2 休斯的躲藏游戏

事实上，随后的研究发现，儿童自出生就开始发展某些意向和能力，并在此基础上逐步形成理解同类的能力，认识到他们和自己一样，有他们自己的心理，有他们自己独特的视角、知识、信仰、动机等。例如，儿童从非常小的时候就表现出对别人感兴趣，特别是对人脸着迷。为此，大部分关于婴儿早期感知觉的研究会涉及对人脸的知觉。有些研究者指出，儿童生来就具备专门针对人脸的加工能力。研究者对于婴儿是偏好人脸本身还是偏好复杂的视觉刺激一直存有争议。然而，有研究表明，2个月大的婴儿已能区分"正常的"人脸和"五官乱摆"的面孔。例如，莫勒（Maurer）和巴雷拉（Barrera）1981年做过一项实验，他们给婴儿呈现3张图片，一张是正常的人脸图，另两张是结构要素和复杂程度与之一样但五官位置乱摆的图画（见图3.3）。一个月大的婴儿对这些图片的注视时间相同，但两个月大时，他们注视正常人脸图的时间明显长于注视那两张五官乱摆图的时间。

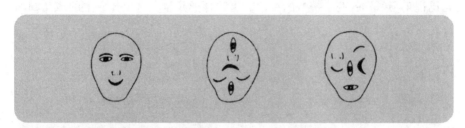

图 3.3　莫勒和巴雷拉采用的人脸刺激

　　研究表明，儿童与其他人互动的意向和能力在发展的很早阶段就已开始。与这一发展方面相关的是两个有趣的研究领域，分别考察成人不与儿童交流时儿童的反应，以及成人注视或指向某个物体时儿童的反应。相关的实验表明，婴儿在 3 个月大时就期望别人能够与他们互动（大概源于他们日常面对面的互动经验），当他们的妈妈在研究者指示下以毫无表情的"扑克脸"安静面对他们时，他们表现出明显的不安。到 9 个月大时，婴儿能够跟随成人的目光和手势，和成人一起看某个物体，这被称作共同关注（黑猩猩看到你在指某个东西时，只会看你的手指）。

　　安德鲁·梅尔佐夫（Andrew Meltzoff）是专注此领域的美国研究者。他开展了一系列关于模仿学习的研究，取得了一些令人瞩目的发现，揭示了儿童早期对他人心理的理解及其了解他人心理的意向。他发现，在生命最初的几周里，婴儿会模仿别人的嘴部运动，但很明显地不会模仿非生命体的相似动作。随后，18 个月大时，婴儿可以模仿别人想做的动作而不是他们实际做的动作，这表明此时婴儿已开始懂得他人的想法。例如，一个成人试图把一个物体放到桌子上，但物体不小心掉到地上，或者试图把某样东西放进罐子，但却没放进去。这个年龄的儿童看到后，会模仿成人"想要"做的行为，就像他们看到这些行为成功完成一样。另有研究表明，让这个年龄的儿童观察某个人发出一个动作或观察机械装置发出同样的动作，他们在前一种情境下表现出这种动作的频率是后一种情境下的 6 倍（Meltzoff，2002）。

儿童的"心理理论"及心理理解的发展

儿童能够理解人与其他物体不同，是因为他们有想法，有对这个世界的认识，有自己的知识、情感、意图。研究者将儿童表现出的这种能力看作心理理论产生的证据。目前有大量研究关注儿童对他人心理的理解是如何发展的，特别是英国的发展心理学研究者，他们认为这对早期社会能力发展有至关重要的意义。另一个支持这种观点的研究领域是关于自闭症儿童的研究，这些研究指出自闭症儿童所缺乏的正是这种"阅读"和理解他人心理的能力（Baron-Cohen，1998；Frith，1989，2008）。

目前广泛用于测量儿童是否形成基本的心理理论的经典测试关注儿童对"错误信念"（false beliefs）的理解能力。与错误信念有关的测试任务有很多，它们都是将被试儿童置于这样的情境：他们知道一些事情或获得了某个信息——这个信息对做出决策非常关键——另一个儿童或故事中的某个人物却不知道。此时请他们预测，另一个儿童或那个故事中的人物会怎样做。如果被试儿童表现出能够理解另一个儿童或者那个故事人物会做出错误的决策，因为后者缺少重要信息，会对情境持一种"错误信念"，那么他们就具有基本的心理理论。在此实验基础上，戈普尼克和阿斯丁顿（Gopnik and Astington，1988）开发了一个经典的测试任务——"外表欺骗"（identity change）。他们给儿童出示聪明豆①的包装盒，然后问他们里面装的是什么。孩子们当然会说："聪明豆！"然而，当盒子打开时，出人意料的是，里面装的是铅笔（见图3.4）。接着，研究者将铅笔放回盒子，请儿童回答如果他们的朋友看到这个盒子，会认为里面装着什么。大部分4—5岁儿童会说"铅笔"，这表明他们还没有形成完整的"心理理论"。他们还不能预见没有看过盒子里东西的朋友会有一种"错误信念"，应该和他们在测试中最初那样，说里面装的是"聪明豆"。

---

① Smarties是一种糖果品牌。这个单词是该品牌商品外包装上的明显标志。——译者注

图 3.4　"外表欺骗"错误信念任务：聪明豆盒子里出人意料地装着铅笔
来源：Gopnik and Astington，1988

　　另一个常见任务是"位置改变"，常被称为萨莉—安妮（Sally-Anne）任务（见图 3.5）。被试儿童先看一系列图片，图中萨莉有一个篮子，安妮有一个盒子。萨莉有一颗弹珠，她在出门散步之前将弹珠放进了自己的篮子里。她离开后，安妮将弹珠从萨莉的篮子里取出来放进了自己的盒子。被试儿童要预测萨莉回来时会到哪儿去找弹珠。如果儿童具有稳定的"心理理论"，那么他们会回答"篮子"，表明他们尽管非常清楚地知道弹珠是在盒子里，但他们理解萨莉会根据自己的"错误信念"去行动。

　　研究表明，这些简单的实验是很有效的测试手段，取得了比较一致的测试结果。然而，与皮亚杰的许多实验一样，这些实验也有很多争议。用它们开展的研究很好地显示，研究幼小儿童，尝试理解他们在某一时刻知道什么、理解什么、能做什么，是多么困难又多么令人着迷。就像皮亚杰的许多任务一样，完成错误信念任务也有赖于一系列心理理论之外的技能和理解，包括语言能力（理解问题和清楚地表述答案）、记忆力、抑制性控制（即能控制自己，不说出首先进入头脑的想法，而用另一种想法取代它）。

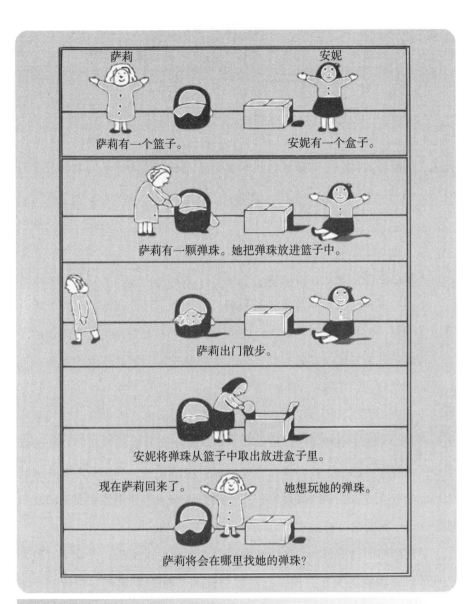

萨莉有一个篮子。　　　　　　　　安妮有一个盒子。

萨莉有一颗弹珠。她把弹珠放进篮子中。

萨莉出门散步。

安妮将弹珠从篮子中取出放进盒子里。

现在萨莉回来了。　　　　她想玩她的弹珠。

萨莉将会在哪里找她的弹珠？

图 3.5 "位置改变"错误信念任务/萨莉—安妮任务

来源：Baron-Cohen et al., 1985

最近在我和我的另一位博士生德梅特拉·迪米特里厄（Demetra Demetriou）进行的研究中，我们发现，对错误信念任务预测力最高的是儿童的"来源记忆"（source memory），它是元认知的一个方面。第五章和第六章还会对此加以讨论。元认知指儿童不仅能够意识到自己知道什么，也能意识到自己是如何知道的（也就是了解他们的知识来源）。例如，如果我问你亨利八世（Henry Ⅷ）的妻子叫什么名字，你告诉我答案后，如果我继续问你是怎么知道的，你也许会说"我们在中学学过都铎王朝"或者是"我最近在电视上看了一个关于他的节目"。然而，对于五六岁以下年龄的儿童，你刚教完他们一些新东西便问他们是怎么知道的，他们大部分会告诉你，他们一直就知道，或者是他们的妈妈告诉他们的。这种"来源记忆"与错误信念任务之间的相关性不言而喻：如果儿童不清楚他们是如何知道那些重要信息的，那么他们也不太能意识到另一个儿童或者故事中的人物不知道这些信息。

上述"其他方面"认知能力的发展（后面章节还会提到）必然影响儿童所做的每一件事，包括他们在错误信念任务中的表现。儿童多方面的能力、理解、技能在同时发展，要分离出不同发展方面的具体影响是极具挑战性的。然而，对于喜欢挑战的研究者来说，正是这种挑战使关于儿童发展的研究令人着迷。不过，面对一个个小孩子，研究者在推断其表现或行为的原因时，要十分慎重。我们需要了解已有研究及我们自己的专业经验所提供的多种可能性，我们要在多种情境下观察儿童，我们要不断评估我们所做的补救或支持的实际效果。我们还要认识到，鉴于儿童发展的复杂性，我们不可能总是或经常只尝试一次就获得成功。

目前能够明确的是，尽管精确的评价和测量尚难实现，但儿童对他人心理的理解确确实实在发展，并对他们的社会行为和学习有所影响。例如，许多研究发现，随着年龄增长，儿童逐步使用心理方面而不是行为方面的描述去形容他们认识的人。例如，巴伦博伊姆（Barenboim，1981）的一项研究要求6—11岁儿童描述他们熟悉的3个人。这些描述可以分为不同类型，如简单的行为比较（比利比杰森跑得快多了）、心理品质（他很自负，以为自己很伟大）、心理比较（琳达很敏感，比很多人都敏感）。如图3.6所示，7岁左右儿童使用的几乎全是行为描述。这之后，心理描述越来越普遍，9 岁时心理描述已占大多数。儿童到 11 岁左右，更加复杂的心理比较才开始出现。

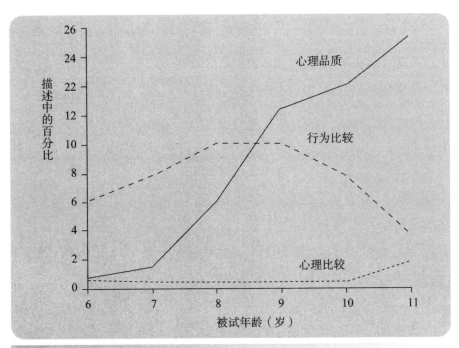

图 3.6　不同年龄儿童描述他人的角度
来源：Barenboim，1981

　　不过，这个研究可能低估了儿童理解别人心理状态和特点的水平。儿童发展研究常常发现，儿童与研究者谈论某个话题时所表现出的能力或意向往往滞后于他们在自发讨论或日常行为中的表现。关于儿童对他人内部心理状态理解的自发行为和谈话的观察显示，儿童很小就表现出对他人的移情反应。在 10—18 个月，移情主要表现为模仿他人反应（如在另一个孩子哭的时候跟着哭）。两岁以前，很多儿童表现出能给予支持和帮助（如别人痛苦时给予轻抚，用语言表达同情，给别人可以提供安慰的物品，叫其他人来帮忙）。在一项关于儿童自发谈论别人内部心理状态的研究中，布朗和邓恩（Brown and Dunn，1991）提出，许多儿童在 3 岁时能够谈论别人的情绪、愿望、动机，他们还开始谈论这些内部心理状态是怎样形成及会如何改变。

早期社会关系的影响

令人惊奇的是，所有关于儿童社会理解早期发展的研究都发现，这种发展表现出明显的个体差异。布朗和邓恩的研究发现，约三分之一的儿童在 3 岁时能谈论他人的内部心理状态，而其余儿童要在一年甚至两年以后才达到这一发展水平。通过错误信念任务评估的心理理论也体现出类似发展模式。在前面提到过的德梅特拉的研究中，研究之初 54 个被试儿童年龄都在 4 岁 2 个月以内，其中 5 人能够理解外表欺骗任务，7 人理解了位置改变任务。一年之后，对两项任务都不能理解或仅有有限理解的儿童分别是 19 人和 15 人。这些个体差异有其遗传和生理因素的影响，但就像其他发展方面一样，有大量证据表明，这些差异与儿童的早期社会经验有关。这对从事早期教育工作的人来说是很重要的。如果与孩子一同生活的父母经常使用描述心理状态的词（Dunn et al., 1991），或者孩子与兄弟姐妹共同生活（Jenkins and Astington, 1996），则他们成功完成错误信念任务的年龄明显小于其他儿童。我想说的是，通过回顾相关研究，我们可以了解，如果要支持并鼓励儿童的社会发展，我们需要在早期教育情境中给儿童提供怎样的社会经验。

邓恩等人（1991）在研究中考察了儿童社会经验的一系列指标。他们发现，与儿童社会经验差异相关的因素有儿童参与有关感受和因果关系的家庭讨论的程度、母亲和儿童的言语流畅性、母亲与儿童兄弟姐妹的互动质量、儿童与兄弟姐妹的互动，等等。这样的结果一点也不奇怪，正如我们所认为的，儿童的早期社会关系质量及其家庭讨论、有效调节这些关系的程度，对儿童早期的社会理解发展有重要影响，进而影响儿童与他人建立并维持友谊和联结的能力的发展。这些研究与第二章讨论过的依恋研究有很大的一致性，都发现了情感温暖、敏感性、反应性的重要性。

在上述研究之外，有大量研究关注父母或其他抚养人对儿童教养方式的差异。当然，很多人对这个话题有自己独特的见解，而且这方面存在明显的文化差异。多年来，我一直给本科生主讲一门有关教养方式的选修课，我总是用两个简单的活动作为这门课的开始。首先，我让学生们列出一个清单，说说如果他们有孩子的话，他们会着重培养孩子的哪些品质。"创造性"和"独立思考"等词语往往会出现在清单前列。随后，我向他们呈现对来自喀麦隆西北部的巴门达高原的诺族人（Nso people）的研究结果（Nsamenang and Lamb，1995）。在那个地方，"孝顺地服侍"和"服从与尊重"位居榜首，"好奇心"则被评为"最无关紧要的特点"。第二项活动中，我给每个学生发一本关于父母教养方式的书，他们的书各不相同，但每一本都是自诩为专家的作者所写（你知道，任何一家书店的书架上都摆满了这样的书），要求学生认真阅读，为下次课讨论做准备。很明显，学生一开始汇报，你就会发现，不同的书以同样热情的劝说口吻和肯定的语气，表达着截然相反的观点。我想通过这些活动说明，对于儿童养育，没有某一种"完全正确"的方式。但可以明确的是，要支持儿童形成作为社会一员所需的品质，对儿童的教养实践需要不断调整。这种分析有时被称为社会达尔文主义（social Darwinism），如父母的教养观念和教养方式与婴儿死亡率有很强的联系。

在任何一种文化背景下，总有一些父母在为子女提供有益的早期经验方面比别人更加成功，这就是我们所看到的个人差异。在所谓的"西方"现代技术和城市社会里，关于教养风格的研究基本都与美国的戴安娜·鲍姆林德（Diana Baumrind，1967）的早期研究和理论模型有关。她对 134 名学前儿童的母亲和父亲进行访谈和观察，提出了关于教养方式的一个理论模型。这个理论得到大量研究的证明，能够预测不同儿童的不同发展成果。她和其他研究者检验了父母可能表现差异的多个维度，包括敏感性、慈爱、指令、温暖、容忍度、接纳、惩罚和反应性等，最后发现用两个维度最能解释父母行为的不同表现，它们是"反应性"和"要求程度"。麦科比和马丁（Maccoby and Martin，1983）在一篇综述中对此进行了详尽的阐述。他们把教养方式的这两个基本维度结合起来，得出 4 种不同特点的父母教养方式（见图 3.7）。

	反应	无反应
要求高	权威型	专制型
无要求	放任型	忽视型

图 3.7　根据反应性和要求程度两个维度划分的教养方式类型
来源：Maccoby and Martin, 1983

在这 4 种教养方式中，有 3 种存在明显的缺陷，往往与社会和教育处境不利儿童的多种问题行为相关（Baumrind，1989；Steinberg et al.，1994）。"专制型"（authoritarian）父母极少对孩子表现出慈爱，他们的要求常常前后矛盾，但又期望孩子无条件地服从。这类父母的孩子容易变得低自尊、乖戾、对抗，有的会在人际交往中表现出较高水平的攻击性。与此相反，"放任型"（permissive）父母通常对孩子有很高的反应性，给予孩子关爱和温暖，但这种关怀是放纵的，没有清晰、稳定的标准或期望。他们的孩子往往容易冲动，自律能力低，幼稚且容易受他人影响，在适应学校生活方面常有困难。"忽视型"（uninvolved）父母极少关心孩子的生活和幸福，有时甚至会疏于照料孩子或虐待孩子，他们的孩子无疑最缺乏能力，往往难以应对学校和生活对其社会和认知能力的要求。他们的自尊感和成就水平很低，最有可能出现抑郁症和其他情绪障碍。"权威型"（authoritative）父母具有较高的反应性，对孩子有较高的期望和要求，很多研究表明，这可以为儿童带来积极的发展结果。关于反应性的重要意义，第二章关于依恋研究的讨论已论证过。权威型家长对子女是最温暖和最慈爱的，但他们也为孩子的行为设定了清楚和稳定的标准，对其表现寄予很高期望。同时，他们明确表现出对孩子不断发展的自主独立需要的尊重，通过讨论和协商帮助孩子遵循已建立的标准和规则，给孩子讲道理而不是简单地维护自己的权威。研究表明，这种教养方式能够支持儿童自尊和自我调节能力的发展，使他们成为成功的学习者。例如，史蒂法妮·卡里森（Stephanie Carison）等在美国的系列研究证明了早期母子互动对儿童自我调节能力发展的影响（Bernier et al.，2010）。该研究运用了多种认知和情感抑制的测量方法，我们还会在第七章加以讨论。研究者特别强调母亲的敏感性（或反应性）、支架式指导（为儿童提供与其年龄相符的问题解决策略）、关注心理体验即与儿童交谈时运用描述心理体验的词汇的重要作用。研究还发现，权威型教养方式能给儿童的社交能力带来积极影响。这些儿童最容易和其他儿童和成人建立关系，而且常常成为同伴中最受欢迎的人。到了青春期，权威型父母的孩子更有责任感，更独立。与在其他教养方式下长大的儿童相比，他们表现出反社会行为、吸毒、酗酒、发生过早性行为的情况要少得多（Steinberg et al.，1994）。

当然，与其他分类一样，这 4 种类型的划分在很大程度有些简单化，而且几乎可以肯定的是，所有父母都可能在不同场合表现出不同的教养方式（如果你读这一章的时候对自己的育儿方式越来越怀疑，请不要担心，情况肯定没有你想的那么糟糕）。如果父母面临压力，比如生活贫困、夫妻不和、有心理疾病等，要做"权威型"父母是很困难的。此外，一个人的教养方式会受到儿童行为方式和气质类型的影响。当面对一个超级活跃的孩子，或者当孩子进入青少年阶段，突然从小天使变为任性的小怪物时，我们都有可能变得很"专制"。

在此需要郑重说明，回顾关于家庭教养方式的研究，并非为了"责备"父母教养能力的缺陷。大量研究表明，成人往往按照自己被教养的方式来教养自己的孩子。而且，今天的成人还面临一个巨大缺陷，由于几代同堂的大家庭解体，他们无法得到有经验的亲戚的支持和帮助。我想很多人认同这一点。目前关于教养方式的图书市场很大（我之前也提到过），相关电视节目拥有众多观众，还有大量培训班开设儿童养育课程，这些都表明相当多的父母在考虑如何尽其所能养好孩子。

我相信，关于父母教养方式的研究为与儿童打交道的专业人员提供了非常重要的启示。首先，它很清晰地提示我们要与父母合作，通过各种方式支持他们应对养育子女的巨大挑战。其次，它使我们能够依据研究证据向父母提出建议。此外，我相信，它还会为我们在教育场景中的实践提供指导原则。

早期社会互动和交友能力

儿童不单单与成人互动。有大量研究关注儿童与兄弟姐妹、同伴、朋友的互动和关系的发展，以及这些早期关系对儿童社会性发展和教育发展的影响。儿童很早便表现出对其他小朋友的兴趣，在婴儿期（也就是生命开始最初两年）就已经开始建立友谊。这与早期的研究结果不一致。例如，刘易斯等人（Lewis et al.，1975）曾对12—18个月大婴儿进行过研究。母亲带着婴儿与另一对母婴一起待在一个房间里，记录婴儿之间的触碰和注视行为。结果与预期一致，这个年龄的婴儿多靠近母亲并不时触碰她，但他们常常会盯着另一个婴儿看（见图3.8）。在早期教育机构中对这个年龄段儿童拍摄的录像也显示，儿童会望着门外，看他们的朋友是否到来，移动到离朋友比较近的地方再游戏，互相模仿，等等。

在英国，五分之四的儿童有兄弟姐妹。对这些儿童来说，他们在和兄弟姐妹的关系中开始学习与同伴交往。这个领域最重要的研究之一是由朱迪·邓恩和他的同事开展的，他们在20世纪70年代后期开始对居住在剑桥附近的40个家庭进行观察。第一次观察时，每个家庭只有一个孩子，且大部分孩子即将迎来第二个生日，而家里的第二个孩子将在一个多月后出生。研究者（Dunn and Kendrick，1982）对这些家庭进行跟踪观察并对父母进行访谈，直至那些弟弟或妹妹14个月大时完成了一份研究报告，标题为《兄弟姐妹：爱、嫉妒和理解》（*Siblings：Love，Envy and Understanding*）。

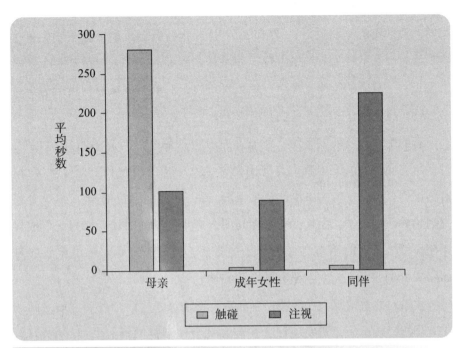

图 3.8 12—18 个月月龄儿童在 15 分钟内触碰和注视母亲、一个不熟悉的成年女性、一个不熟悉的同伴的时间

来源：Lewis et al.，1975

这个标题很好地概括了兄弟姐妹之间经常产生的强烈情感，这些强烈的情感对儿童发展有持续的影响。进一步追踪研究后发现，当这些儿童进入青少年早期时，如果他们在成长过程中不幸遇到一个充满敌意、不友好的兄弟姐妹，那么他们更容易抑郁、焦虑、有攻击性。当然，很明显，绝大多数儿童会从积极的早期兄弟姐妹关系中获得巨大的益处，这为儿童提供了进一步形成早期安全依恋的机会，还为他们的经验和理解力发展提供了最初的舞台。正如我们在前面提出的，拥有兄弟姐妹的儿童似乎更早发展心理理论（Jenkins and Astington，1996）。

我们在早些时候提到过，邓恩等人（1991）的跟踪研究表明，儿童早期心理理论的发展与其父母使用描绘心理状态的词汇有关。在日本进行的一项关于兄弟姐妹关系的研究更深入地揭示了这方面父母教养的重要性。

第三章 社会性发展

小岛（Kojima，2002）报告了在家庭环境中对 40 对兄弟姐妹的观察研究，每对儿童的年龄分别是 2—3 岁和 5—6 岁。报告分析了两个孩子发生争执或纠纷时母亲的行为。结果发现，如果母亲缓解冲突的方式是对一个孩子解释另一个孩子的行为或情绪，那么哥哥姐姐对弟弟妹妹的积极行为会更多。这对教育工作者的专业实践有重要意义，我会在下面阐述。

有明确的研究证据表明，所有儿童，包括那些没有兄弟姐妹的儿童，都能从与同伴的友谊中获得与兄弟姐妹关系一样的理解和益处。事实上，有些证据显示，友谊关系也许更加重要。很多研究表明，友谊可以弥补家庭情感关系的缺失，而且，儿童在与朋友产生冲突的时候，比与父母或兄弟姐妹发生矛盾时更容易考虑别人的看法，尝试通过协商解决矛盾（见Dunn，2004，对儿童友谊研究的全面综述）。

友谊对儿童情感和社会性发展的重要影响缘于这两个发展方面之间的交互作用。友谊为儿童发展社会技能和社会理解提供了一个很好的情境，同时，友谊的建立和保持也有赖于这些能力。有些儿童很容易交朋友，根据我们在上一章讨论的关于儿童情绪发展的研究，以及我在本书反复提及的自我调节的研究，这些儿童之所以拥有轻松交友的能力是有原因的。最近关于这一领域的一项权威性的综述（Sanson et al.，2004）发现，自信地应对新情境（缘于安全的情感依恋）、调节自身行为和情感的能力是儿童良好交友技能的主要特征。

下面的案例很好地显示了上述技能。案例出自科萨罗（Corsaro，1979：320-1）早年关于儿童"接近策略"的研究。"接近策略"是指儿童加入他人的游戏和发起交友过程的策略。

两个女孩，珍妮（Jenny，4.0 岁）和贝蒂（Betty，3.9 岁），在校园的一个沙箱边玩耍。我坐在沙箱附近地上看着她们。女孩们把沙子放进锅里、蛋糕盘里、瓶子里、茶壶中。偶尔其中一个女孩会给我一盘沙子（蛋糕）吃。另一个女孩，戴比（Debbie，4.1 岁），走过来站在我旁边，观察这两个女孩。珍妮和贝蒂没有注意到她。戴比没有和我说话，没有和这两个女孩说话，也没有人和她说话。在看了一段时间后（5分钟左右），她绕着沙箱转了3圈，停下来，又站在我旁边。又看了几分钟后，戴比走到沙箱边，抓起沙子里面的一个茶壶。珍妮从戴比手里拿走茶壶并嘟囔着说："不可以。"戴比走开，再一次站在我旁边，观察珍妮和贝蒂的活动。然后她走到贝蒂旁边，贝蒂正在用沙子填满蛋糕盘。戴比看了贝蒂一会儿说：

（1）戴比—贝蒂：我们是朋友，对吗？我们是朋友，对吗，贝蒂？

贝蒂没有看戴比，同时继续往盘子里放沙子。

（2）贝蒂—戴比：对。

戴比这时走到贝蒂的旁边，然后拿了一个锅和勺子，开始把沙子放在锅里面。

（3）戴比—贝蒂：我在煮咖啡。

（4）贝蒂—戴比：我在做蛋糕。

（5）贝蒂—珍妮：我们是妈妈，对吗，珍妮？

（6）珍妮—贝蒂：对。

（3人的游戏持续了20多分钟，直到老师宣布"整理时间"到）

在对这一事件的分析中，科萨罗总结出戴比为了加入游戏和开始交友过程所使用的一系列渐进的策略。首先，她自己进入活动区（"非言语进入"）。当这个策略没有得到回应时，她开始绕着沙箱转（"环行四周"）。当这个行为仍未得到回应时，她进入活动区拿起一个茶壶（"相似行为"），但这次被断然拒绝了。尽管如此，戴比没有放弃，她转为运用言语策略，对贝蒂说："我们是朋友，对吗？"（指出相互关系）贝蒂终于做出了积极的回应。接下来，戴比将言语描述和相似行为两种策略结合起来，说："我在煮咖啡。"从那一刻起，3个女孩开始一起快乐地玩耍。我们可以看到，这个给人留下深刻印象的有策略的行为要求戴比有相当大的社交自信和对自己行为的调节能力。当然，并非所有4岁儿童都能掌握这些技巧。那些缺乏社交自信的孩子很容易一遇到忽视和拒绝就放弃，自我调节能力不足的孩子可能会粗鲁地闯入游戏，引起争吵，让别人对自己避之不及。

除了研究友谊的建立阶段外，还有大量研究探讨儿童在保持友谊方面所表现出的品质和行为。能够保持友谊的儿童对朋友充满感情，对朋友的情绪非常敏感，会采用恰当的方式表达喜悦、关心、支持。他们会发现和称赞朋友的成就。他们更善于合作，会发起联合游戏活动，也能对其他儿童发起的活动做出积极回应，能分享玩具和活动器械，对朋友的意见赞同多、反对少。他们和朋友一起玩很多想象性的游戏（我们会在下一章讨论这种游戏的意义）。他们与朋友之间非常亲密，互相交流感受，分享彼此的"小秘密"。他们愿意并且能够等待，直到自己的愿望得到满足（研究文献称为"延迟满足"，这也是一种抑制性控制）。在与朋友产生冲突时——这在友谊关系中经常发生，我们之前也有谈及——他们会考虑他人的想法，主动去协商，寻求和解，友好地化解矛盾（关于交友技能的全面综述，可见 Dunn, 2004；Erwin, 1993；Gallagher and Sylvester, 2009）。

我们可以看到，建立和保持友谊需要高超的技能，对儿童是一个巨大挑战。特别是当儿童初次进入幼儿园或学校的复杂的社会环境时，他们更需要得到相应的支持。同儿童打交道的教师或照看者面临的挑战是，要帮助儿童形成发起和保持友谊的能力。儿童是发展中的个体，是学习者，这些能力对他们有非常重要的意义。因此，对于早期教育专业人士而言，没有什么比促进儿童社交能力的发展更重要。

本章小结

我们在本章一开始就指出，人类的本质属性是社会性，这意味着儿童发展社会能力具有重要意义。我们还指出，儿童很小就表现出对他人的兴趣，特别是对其他儿童的兴趣，这表明他们能很好地适应社会生活。在生命的早期，儿童就开始尝试理解他人的观点、意图、情绪、知识，这种理解逐步发展，很快就获得发展心理学文献所说的心理理论。我们还回顾了儿童与其父母、兄弟姐妹、朋友之间的早期社会关系的质量，这对儿童社会技能的发展具有支持作用。

本章回顾的研究和理论的一些关键要点与关于儿童情感发展的研究结果一致。我们再次看到情感温暖、反应性、一致性对亲子关系的重要性。我们又根据父母教养方式的研究，进一步提出"要求"、期望、对儿童良好行为表现的持续支持等对增强儿童自尊感的重要意义。我们还看到"关注心理体验"的重要性，即家长和其他抚养者要与儿童一起讨论他们的心理状态和感受，特别是在处理儿童间的冲突时。关于友谊的研究再次强调安全依恋的重要性，因为它会给儿童带来形成交友技能所需要的社交自信和自我调节能力。我们总结了友谊的复杂性以及儿童要获得较高水平社会能力所必需的一系列策略和能力。我想指出，这一领域的研究已为早期保教实践提供了明确的指导原则。

- 建立一个情感温暖和支持性的社会环境，使每个儿童都感觉自己得到尊重，并强调合作和相互支持，这会鼓励儿童与他人建立积极关系。

- 对儿童行为表现提出高期望，并坚持和强化这些期望，这会使儿童感受到重要的成人看好他们，这还可以对儿童的自尊感给予支持。

- 讨论和协商与其他儿童交往及在社会群体中的行为规则，这有助于儿童理解社会规则，发挥自主性，发展自我调节能力。

- 谈论心理状态，包括儿童的所知、所感、所想，特别是与个人困惑和事件有关的心理体验，这有助于儿童逐步发展对他人观点和动机的理解。

- 与儿童父母保持良好的关系和高质量的沟通非常重要，既可以为专业保教人员提供关于儿童家庭经历的重要信息，也可以针对家长在儿童教养方面的困难和问题提供支持和指导。

- 保教人员可以通过示范、与儿童一起讨论发起和维持友谊的策略、在儿童尝试实施这些策略的时候给予支架式指导等，帮助儿童发展交友技能。

- 保教人员要把儿童之间的纠纷和冲突当作儿童学习解决问题的机会，借此示范协商和寻求和解的方式，并支持儿童逐步发展处理意见不一情形的能力。

- 为儿童提供合作完成任务、参与合作游戏和想象性游戏的机会，同时让儿童在需要时能回到安静的环境，远离早期教育场所常见的忙乱景象。

 问题讨论

- 我们与本班儿童谈论心理状态吗？
- 为什么有些儿童比其他儿童更受欢迎？
- 交友技能可以教吗？
- 我们如何帮助害羞的儿童发展社交自信？
- 权威型亲子关系的重要因素是什么？ 我们的保教实践在何种程度体现这一点？
- 儿童遇到令他们心烦意乱的纠纷时， 我们是否总要介入并给予帮助？

 **观察活动**

1. 友谊

在班级里可以开展一项非常有趣的"社会测量" 活动。 这是了解儿童友谊关系的一种简单方法， 可以发现谁最受欢迎， 谁建立了双向朋友关系或友伴群体， 哪些儿童相对孤立。

这个活动的重点是系统地找出儿童在班里和谁玩或想和谁玩。"和谁玩" 可以通过观察来发现， 在一周之内， 分别到不同的活动区域， 如表演区、 积木区、阅读角、 室外操场等， 按班级花名册对孩子们进行观察， 每次观察 10 秒。 每一次观察只需简单记录这个儿童在和哪个儿童或哪些儿童一起玩耍。 对于"想和谁玩"，可以让儿童告诉你或者其他可信赖的成人，如主班老师、保育员、助教等，想和班里的谁一起玩，最多可提名3人。依据儿童对实际玩伴或伙伴选择的记录可以绘制一幅社会关系图，如图3.9所示（Clark et al.，1969）。

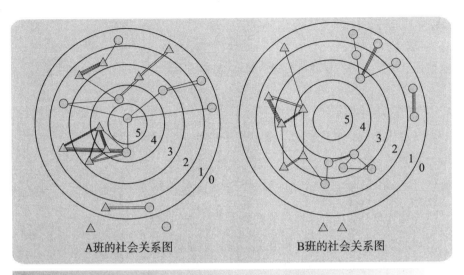

A班的社会关系图　　　　　　　　B班的社会关系图

图3.9　社会关系图

以上两幅社会关系图来自两个不同的班级。三角形表示男孩，圆形表示女孩，符号之间的连线数量表示他们一起玩耍的次数。不同的同心圆分别代表每个儿童的伙伴人数。越受欢迎或伙伴越多的儿童，越靠近中间位置，伙伴较少甚至没有伙伴的儿童则分布在外围。依据儿童的伙伴选择绘制社会关系图时，基本原理一样。不过，从每个儿童发出的线是带箭头的，箭头指向他们所选择的其他儿童。儿童在同心圆中的位置根据其被选择的次数来安排。

这样的社会关系图直观地表示出班级内的社会关系模型，告诉我们每个儿童的交友模式。例如，它清楚地表明哪些儿童的交友技能发展较好，有很多朋友，在图的内圈；哪些儿童在图的外圈，需要我们对他们的交友尝试提供支持。它还告诉我们这个班级的整体"风气"。例如，B班的性别隔离现象比A班明显，而且A班呈现出儿童彼此融合的整体性。在一学年的不同时段重复这个活动，可以有效检测这个班儿童的"社会健康"情况。

显然， 减少被孤立儿童的数量， 或减少只有一个可依赖伙伴的儿童的数量， 可能标志着全班儿童社交自信和交友技能的提高。

2. 支持儿童解决纠纷

如果两个或更多儿童在争吵， 试着遵循以下程序帮助他们解决问题， 并使他们从中学习如何管理自己的情绪， 避免困境。

- 承认儿童的情绪， 如，"我可以看出你很生气"。 如果你以冷静和尊重儿童的语气这样说， 那就是在开始让儿童趋于平静。
- 轮流请每个儿童说为什么会生气 （或烦恼、 激动）， 让另一个儿童仔细听对方在说什么。 教师应保持冷静， 不要做任何判断， 只是简单地复述每个儿童所说的重要内容， 表明你知道他们的观点。
- 把争议当作一个需要解决的问题呈现给儿童， 再次复述两个 （或更多） 彼此冲突的观点。
- 请儿童对问题的可能解决方案提出建议。
- 自始至终， 你的目标是让儿童平静下来。 如果在这个过程中某个儿童再次情绪激动， 那就回到第一步， 按上述过程再做一遍 （通常没必要这样）。
- 当某个儿童提出一个解决方案时， 向其他儿童复述这个方案， 引导儿童对各种解决方案进行讨论， 直到达成一致。 这时指出那就是他们要采取的行动。

通常， 或者说在大多数情况下， 这会让问题得到圆满解决。 假以时日， 儿童便学会在纠纷出现时自己运用这种策略来解决问题。

参考文献

Barenboim, C. (1981) 'The development of person perception in childhood and adolescence: from behavioural comparisons to psychological constructs to psychological comparisons', *Child Development*, 52, 129-44.

Baron-Cohen, S. (1998) *Teaching Children with Autism to Mind Read.* New York: Wiley.

Baron-Cohen, S. , Leslie, A. M. and Frith, U. (1985) 'Does the autistic child have a "theory of mind" '? *Cognition*, 21, 37–46.

Baumrind, D. (1967) 'Child care practices anteceding three patterns of preschool behaviour', *Genetic Psychology Monographs*, 75, 43–88.

Baumrind, D. (1989) 'Rearing competent children', in W. Damon (ed.) *Child Development Today and Tomorrow.* San Francisco, CA: Jossey-Bass.

Bernier, A. , Carlson, S. M. and Whipple, N. (2010) 'From external regulation to self-regulation: early parenting precursors of young children's executive functioning', *Child Development*, 81, 326–39.

Brown, J. R. and Dunn, J. (1991), ' "You can cry mum": the social and developmental impli-cations of talk about internal states', *British Journal of Developmental Psychology*, 9, 237–56.

Clark, A. H. , Wyon, S. M. and Richards, M. P. M. (1969) 'Free-play in nursery school children', *Journal of Child Psychology and Psychiatry*, 10, 205–16.

Corsaro, W. A. (1979) ' "We're friends, right?": Children's use of access rituals in a nursery School', *Language in Society*, 8, 315–36.

Donaldson, M. (1978) *Children's Minds.* London: Fontana.

Dunn, J. (2004) *Children's Friendships: The Beginnings of Intimacy.* Oxford: Blackwell.

Dunn, J. , Brown, J. , Slomkowski, C. , Tesla, C. and Youngblade, L. (1991) 'Young children's understanding of other people's feelings and beliefs: individual differences and their antecedents', *Child Development*, 62, 1352–66.

Dunn, J. and Kendrick, C. (1982) *Siblings: Love, Envy and Understanding.* Oxford: Blackwell.

Erwin, P. (1993) *Friendship and Peer Relations in Children.* New York: Wiley.

Frith, U. (1989) *Autism: Explaining the Enigma.* Oxford: Blackwell.

Frith, U. (2008) *Autism: A Very Short Introduction.* Oxford: Oxford University Press.

Gallagher, K. C. and Sylvester, P. R. (2009) 'Supporting peer relationships in early education', in O. A. Barbarin and B. H. Wasik (eds) *Handbook of Child Development and Early Education.* London: Guilford Press.

第三章 社会性发展

Gopnik, A. and Astington, J. W. (1988) 'Children's understanding of representational change and its relation to the understanding of false belief and the appearance-reality distinction', *Child Development*, 59, 26–37. (Also reproduced in K. Lee (ed.) (2000) *Childhood Cognitive Development: The Essential Readings*. Oxford: Blackwell.)

Jenkins, J. and Astington, J. (1996) 'Cognitive factors and family structure associated with theory of mind development in young children', *Developmental Psychology*, 32, 70–8.

Kojima, Y. (2000) 'Maternal regulation of sibling interactions in the preschool years: observational study in Japanese families', *Child Development*, 71, 1640–7.

Lewis, M., Young, G., Brooks, J. and Michalson, L. (1975) 'The beginning of friendship', in M. Lewis and L. Rosenblum (eds) *Friendship and Peer Relations*. New York: Wiley.

Maccoby, E. E. and Martin, J. A. (1983) 'Socialisation in the context of the family: parent-child interaction', in E. M. Hetherington (ed.) *Handbook of Child Psychology, Vol. 4: Socialisation, Personality and Social Interaction*. New York: Wiley.

Maurer, D. and Barrera, M. (1981) 'Infants' perceptions of natural and distorted arrangements of a schematic face', *Child Development*, 52, 196–202.

Meltzoff, A. (2002) 'Imitation as a mechanism of social cognition: origins of empa-thy, theory of mind, and the representation of action', in U. Goswami (ed.) *Blackwell Handbook of Childhood Cognitive Development*. Oxford: Blackwell.

Nsamenang, A. B. and Lamb, M. (1995), 'The force of beliefs: how the parental values of the Nso of Northwest Cameroon shape children's progress toward adult models', *Journal of Applied Developmental Psychology*, 16, 613–27.

Piaget, J. and Inhelder, B. (1956) *The Child's Conception of Space*. London: Routledge & Kegan Paul.

Sanson, A., Hemphill, S. A. and Smart, D. (2004), 'Temperament and social development', in P. K. Smith and C. H. Hart (eds) *Blackwell Handbook of Childhood Social Development*. Oxford: Blackwell.

Steinberg, L., Lamborn, S., Darling, N., Mounts, N. and Dornbusch, S. (1994) 'Over-time changes in adjustment and competence among adolescents from authoritative, authoritarian, indulgent and neglectful families', *Child Development*, 65, 754–70.

发展心理学与早期教育

第四章 游戏、成长与学习

关键问题

- 什么是游戏?
- 儿童为什么要游戏?
- 不同类型的游戏是否有不同的作用?
- 为什么游戏对学习是重要的?
- 教师应如何提升儿童游戏的价值?

什么是游戏? 为什么游戏很重要?

想想以下情形。

- 年轻妈妈在给 4 个月大的宝宝换尿布时轻咬宝宝的脚指头,逗他说:"我要抓住你……把你吃掉。"这时宝宝笑得很开心,双脚在空中使劲蹬,妈妈也笑了。
- 一个 4 岁男孩独自走在花园小径上,他小心翼翼地踩上大石块,避开小石头。他边走边笑。
- 两个 5 岁的小朋友在学前班 (pre-school group) 一起做游戏,一个扮演"护士",另一个扮演生病的"小宝宝"。"护士"责怪和指挥"小宝宝":"安静! 躺下! 这是你的药!""小宝宝"开始抽泣并将头埋进枕头。

- 两个 10 岁女孩在一起聚精会神地下棋。深色头发的孩子皱着眉头，想了一分多钟还没决定下一步怎样走。头发颜色浅一些的女孩咬着下嘴唇，拨弄着头发，专注地盯着棋盘。

（改编自 Sylva and Czerniewska，1985，p. 7）

我们一下就能看出，上述每种场景都是儿童在参与某种游戏。无论游戏是什么，它都是一种复杂而具有多面性的现象。多年以来，心理学家一直在努力给游戏下定义，研究游戏在儿童发展和学习中的作用。但目前得到证实的是，游戏是一种奇特而复杂的现象。游戏是否意味着"口是心非"，就像那位妈妈并不是真的要吃了宝宝？它是否总是夹杂着个人化的意义和想象，如那个认为大石块安全而小石头危险的小男孩？它是否都要假装，如那两个分别扮演护士与病人的小孩，一个假装专横，一个假装难过？它是否总会带来乐趣，或需要许多的心智努力，就如那两个下棋的女孩？

研究表明，要揭示游戏中儿童的心理过程以及它如何支持儿童的学习和发展，难度很大。给游戏这种现象下定义是极其困难的，或许是因为它的自发性与不可预见性给研究者带来巨大挑战，也或许是因为这个领域的研究相对缺乏，直到近日仍存在两大纷争：一派坚称，各个发展方面的学习都以游戏方式进行最为有效；另一派（如 Smith，1990）则认为，学习通过多种类型的活动进行，游戏在其中的作用极为有限。

如今，早期教育领域普遍接受的观点是，儿童主要通过游戏来学习和发展。然而，尽管游戏对儿童学习与成长的价值在早期教育领域得到广泛认可，但也有证据显示，早期教育工作者常常难以充分发挥游戏的教育潜力（参见有关预备班教师的研究，Bennett et al.，1997）。这在很大程度上是因为我们对游戏基本属性的界定不够清晰，没有清楚地说明它对发展的影响过程，以及它影响儿童学习与发展的具体方面。特别是关于结构化与非结构化游戏、儿童自发游戏与成人引导孰优孰劣等问题长期困扰着人们

（Manning and Sharp，1977；Smith，1990）。

鉴于与儿童游戏有关的发展心理学研究不够清晰和明确，上述困扰并不令人惊讶。然而，近几年重新掀起了儿童游戏领域的研究热潮。我接下来将指出，新近的研究使我们对游戏的本质以及游戏对儿童学习与成长的影响过程有了更清晰的认识。这些新研究清晰地指出了哪些性质的游戏能使儿童各方面都得到发展。

最先需要讨论的是游戏对学习和发展的意义。这方面的证据非常多。首先，众多评论家认为游戏普遍存在于人类行为中，特别是儿童的行为中，你能想到的任何一个发展方面都会有某种形式的游戏。珍妮特·莫伊尔斯（Janet Moyles）对这一领域的研究颇有建树，图4.1是根据她的分析列出的，表明生理、智力、社会性、情感等所有方面的发展都存在多种形式的游戏。从进化的角度，如果某种行为方式像游戏这样在所有活动中都有表现，那么人们自然会问及它的目的。显然，会游戏是人类适应的一种优势，它帮助我们成为非常成功的物种。

杰罗姆·布鲁纳（Jerome Bruner）是最早从进化角度寻找证据的心理学家之一。他在其经典著作《幼稚的本质与应用》（*Nature and uses of immaturity*，1972）中指出，随着动物进化得越来越复杂，它们的脑变得越来越大，其幼稚时期（即幼小动物需要父母照料的时间）也随之拉长。幼稚阶段的延长反映了这些脑容量较大的复杂动物需要更多的学习，同时也需要更多的嬉戏。他还指出，随着大脑的进化，学习的数量和学习的本质都在发生变化。因此，哺乳类动物进化至灵长类动物，再进化为人类，其解决问题的能力不断提高，这带来了更有效的"工具使用"，并使支撑语言和思维发展的表征能力得到增强。相应地，我们看到哺乳动物身上出现了身体游戏（多表现为摔跤打斗），灵长类动物的物体游戏开始发展（猩猩可以开心地玩锁和钥匙，持续几小时），人类则出现了有赖于心理表征能力的象征形式的游戏，包括假装、角色扮演、艺术表现和规则游戏等。基于此项研究，布鲁纳（1972）认为，人类之所以是比较优良的物种，是因为人类能够适应新环境并有能力解决新问题。儿童的游戏有助于这种"思维灵活性"的发展。儿童在游戏中可以用多种不同方式看待世界,用多种不同策略应对困难和问题,尝试多种不同的思维方式,而所有这些都在儿童不需要承担后果的安全情境中进行。

基本形式		具体表现	例 子
身体游戏	大动作	建构	搭积木
		毁坏	泥/沙/木
	精细动作	操作	拼插玩具
		协调	乐器
		冒险	攀爬
	心理动作	创造性运动	舞蹈
		感知探索	用废旧物品制作模型
智力游戏		物体游戏(object play)	在桌面摆东西
	言语	沟通/语言功能/解释/语言获得	听故事/讲故事
	科学	探索/调研/问题解决	玩水/烹饪
	象征/数学	表征/假装/微缩世界	娃娃家/戏剧/棋类
	创造性	美术/想象和幻想/现实/创新	涂色/绘画/造型/设计
社会性/情感游戏	治疗	攻击/退缩/放松/孤独/平行游戏	木/泥/音乐
	言语	沟通/交往/合作	木偶/电话
	重复	掌握/控制	任何东西
	移情	同情/敏感性	宠物/其他孩子
	自我概念	角色/竞赛/道德/伦理	娃娃家/社区服务/"商店"/讨论
	规则游戏	竞争/规则	词语/数字游戏

图 4.1 学校里的不同游戏类型
来源:Moyles,1989,pp. 12-13

在布鲁纳提出这些见解之后，涌现出大量关于各类动物游戏的研究。关于不同物种游戏进化历程的研究非常有助于我们理解人类游戏，特别是儿童游戏的心理功能。鲍尔（Power，2000）与佩莱格里尼（Pellegrini，2009）都对这一领域的研究进行了很好的综述，本章稍后还会对此加以讨论。特别是佩莱格里尼，他的结论是，无论对动物还是对人，游戏（与"工作"相对）的情境都能够使个体关注"手段"而不是"结果"。在工作中你必须完成某项事情，但在游戏中，你可以摆脱工作情境的约束，尝试新的行为，如夸张、修改、简化等，或变换行为的顺序，多次重复某种行为，每次仅略作改动，等等。正是游戏的这种特性使之对灵长类动物问题解决能力的发展发挥了重要作用，也对人类高级认知和社会情感技能的发展产生了重要影响。

正如我上面提到的，近年来发展心理学家重新燃起了对游戏的研究兴趣，有大量证据揭示游戏与学习和发展的多个方面的密切联系。例如，伯恩斯坦（Bornstein，2006）回顾的大量研究显示，儿童游戏特别是象征游戏或假装游戏的综合性和复杂性与儿童的情绪健康相关。一些研究者发现象征游戏具有一定的文化差异，因而对其意义有所怀疑。然而，在回顾大量关于文化与游戏的人类学和心理学文献之后，伯恩斯坦（2006）得出的结论是，"假装游戏（包括角色游戏和社会戏剧游戏）似乎是普遍存在的"，只是这些游戏"所表现的往往具有文化特异性"（p. 115）。例如，加斯金斯（Gaskins，2000）发现，墨西哥的玛雅小孩基本不玩幻想游戏，因为当地人认为这样的游戏不真实，但以玛雅成人日常生活为蓝本的角色游戏却有很多。

关于游戏与认知的关系也得到很多研究证实。例如塔米斯-莱蒙达（Tamis-LeMonda）与伯恩斯坦（1989）证实，婴儿的"习惯化"是一种高度完善的测量手段，用于测试婴儿对新刺激的信息加工速度。研究证明它与后期的认知发展有显著相关，可以预测其随后在幼儿阶段象征游戏的多少。

本章接下来将探讨游戏的主要类型及其对学习与发展的具体影响。在此，我们有必要先回顾苏联发展心理学家维果茨基的理论对这个研究领域的影响。维果茨基诞生于 1896 年（与皮亚杰同年），1934 年 37 岁时不幸死于结核病。他的著作直到 20 世纪 60 年代才得以以英文版发表。自那之后，他关于儿童学习过程的观点一直有很大的影响。他讨论过游戏对努力学习、有意学习、问题解决、创造性等的作用，后者都是学校教育要求儿童掌握的。近期关于儿童游戏的很多研究便是受他这方面观点的启发而进行的。我们将在第六章继续回顾维果茨基的著作及受其启发而开展的关于儿童学习（及成人在其中的作用）的研究。现在我们先谈谈他关于游戏在学习与发展中的作用的两个重要观点。

首先，维果茨基认为游戏与儿童发展对自己学习的控制感及自我调节有关。他指出，儿童在游戏中创造自己的"最近发展区"（即他们为自己设置一定的挑战），这使他们的所作所为具有发展适宜性（这种适宜性是成人设置的任务很难达到的）。这里的游戏往往是儿童自发进行或由儿童发起。也就是说，儿童在游戏中能对自己的学习加以控制。古哈（Guha，1987）有一系列证据表明，自我调节中的这种控制因素对学习极为重要。例如，她引用了一项关于视觉学习的实验，被试佩戴一种特殊的眼镜，使他们看到的东西都是颠倒的。他们要坐着轮椅，学会安全地穿过某种环境（如摆满家具的房间）。该实验结果显示，自己坐着轮椅四下移动的被试（多次撞到家具）比被别人推着穿过房间的被试学得快得多。

一些自称新维果茨基学派的俄罗斯心理学家研究了特定类型游戏与认知自我调节及控制的关系。卡波夫（Karpov，2005）对这方面的研究进行了很好的综述。例如，他报告了马努伊连克（Manuilenko，1948；见Karpov，2005）对 3—7 岁儿童进行的"站岗"游戏的研究。该研究支持维果茨基的观点，即儿童借助语言工具来调节他人行为，这是自我调节发展的一个重要因素。如果儿童"站岗"的房间里有其他小朋友，那么他们会比单独"站岗"时坚持更长时间一动不动。这应该是小伙伴"监督"

"哨兵"表现的结果。

其次，维果茨基认为游戏对被他称为"符号表征"的能力的发展有很大影响。他指出，人类的思想、文化、沟通都有赖于人所具有的"运用不同形式符号表征"这一独特智能，这些不同形式的符号具有特定的文化含义。符号表征的形式包括：绘画及其他形式的视觉艺术和视觉想象，各种形式的语言，数学符号系统以及音符、舞蹈、戏剧等。这与之前提到过的发展进程有明显的联系。研究者认为，儿童探索和运用符号系统是从游戏开始的，其中最常见的就是假装。我有幸在小女儿一周岁时有过这样神奇的经历。当时，萨拉（Sarah）和其他大多数同龄孩子一样，刚会用语音（而不是词）表达意思（"妈妈""爸爸"等）。她经常玩一个木偶。我好几次看到她把木偶当作一个物体进行"探索"。她看看它，随即把它扭来扭去，上下翻转，扔出去又捡回来。她把它拿到嘴边，用力挥动，把它和其他东西绑在一起。之后的一天早晨，她的探索有了新进展。萨拉让玩偶做出走路的样子，嘴里还小声发出她平时走路时的声音。突然之间，木偶不再只是个玩具，更是假装成一个小朋友，成为一个象征。很多研究发现了假装游戏与用语音表达意思（语言最初发生）同时出现的现象，这与维果茨基的分析一致，即符号表征能力的最初发展与假装有关。

维果茨基进一步提出，假装游戏是从"儿童早期完全受情境制约"向成年期的抽象思维能力的过渡。当成年人有一些有趣的经历想要反思、有一些问题需要解决、有一些故事想要书写时，他所具有的表征能力使其可以在头脑中通过思维来完成。但对于儿童，这些能力尚未发展成熟，因而需要真实场景和物品的支持，需要通过游戏来完成上述过程。因此，当儿童有一个新鲜而有趣的经验，如参观动物园或去姥姥家，他们会和同伴一起用玩具将这些有意义的经历和想法展示出来，而不是在脑子里想一想。这类游戏不仅能使儿童巩固其对世界的理解，而且可以促进其表征能力的发展，后者将使他们学会像成人那样思考。关于儿童思维、问题解决、创造性发展的研究已得出广为人知的结论，即表征能力对这些方面的发展有重要影响（第六章还会谈及这一点）。

游戏的5种类型

考虑到给游戏下定义的难度和复杂性，这么多人尝试对游戏进行分类就不足为奇了。我们已看到，莫伊尔斯（Moyles，1989）根据与游戏有关的发展方面进行了分类。其他人尝试的分类标准有游戏的目的（探索、想象、技能发展），涉及的学科领域（数学游戏、语言游戏、故事游戏），游戏所采用的器材和场景（沙箱游戏、电脑游戏、户外游戏），以及游戏是个别化的还是社会性的，等等。

在心理学的研究文献中，瑞士发展心理学家让·皮亚杰（被称为现代发展心理学之父，我们将在第六章重点讨论他的观点）是最先分别描述各类游戏特点的心理学家之一。他在观察中发现这些游戏在儿童早期不同阶段出现。他观察到婴儿期出现了"操作"物品的游戏；之后是一岁左右的"象征游戏"，表现为多种形式的假装；最后是5岁或6岁左右出现的"规则游戏"。其后，研究者又提出了其他一些游戏类型以及分类系统。目前，关于游戏类型的研究大多根据其对应的发展目标将之分为5类。这种分类方式在一定程度上受之前提到过的进化观点的影响。这5种类型主要是身体游戏、物体游戏、象征游戏、假装/社会戏剧游戏和规则游戏。尽管每类游戏都有其主要发展功能或发展目的，所有游戏都有助于身体、智力、社会情感发展。事实上，任何一项儿童娱乐活动都包括不止一种类型的游戏。现有的研究证据都表明，混合多种游戏经验最有利于儿童发展。下面我将总结每种游戏的典型发展轨迹、对心理发展的益处、可以给教育领域提供的启示。在每种游戏中，儿童既可以单独玩，也可以和其他同龄孩子一起玩，还可以和保教人员、父母或其他成人一起玩（本章最后部分会再讨论成人在儿童游戏发展中的作用）。

身体游戏

这类游戏是最早进化出来的，可以在大多数哺乳动物中观察到，在个别爬行动物和两栖动物中可能也会看到。在人类的孩童中，这类游戏包括各种运动游戏（跳、爬、舞蹈、跳绳、骑车、玩球）、摔跤打斗游戏（与朋友、兄弟姐妹、家长/监护人）、精细动作练习（如缝纫、涂色、裁剪、手工制作、操作建构玩具等）。

运动游戏初现于生命第二年，到四五岁时占儿童行为的20%。有证据表明，运动游戏与儿童的身体发育和手眼协调发展密切相关，对增进力量和耐力有重要作用。这个领域的研究相对被人忽视，佩莱格里尼与史密斯（1998）和史密斯（2010）曾对之进行过一些综述。

关于身体游戏，研究最多的是所谓的"摔跤打斗"游戏。多种哺乳动物都有这种表现，研究者已就老鼠（Pellis and Pellis, 2009）、袋鼠、猫、熊、大象、海豹、猴子和猩猩（Power, 2000）等开展了广泛的研究。对人类而言，这种游戏比运动游戏稍晚出现，在学前阶段比较常见，而且和大多数游戏一样，会以某种形式持续到成年后。它包括追跑、打闹、踢踏、摔跤、翻滚等，似乎是为了让儿童学会控制攻击冲动而进化出的一种机制。虽然这类游戏可能给一些家长和教育工作者带来困扰，但它与真正的攻击行为很容易区分开，这从参与者的愉悦表情就能看出来。这种游戏对儿童是十分有益的。研究证据显示，这类游戏与情感表达、社会技能、社会理解等有明显联系，可以增强亲子间的情感联结，增进亲子依恋和儿童对情绪表达的理解（关于这一领域的研究及其对教育实践的启示，参见Jarvis, 2010）。

运动游戏和摔跤打斗游戏几乎不需要辅助设备，但很明显在户外更容易进行。特别是婴幼儿，如果有机会到户外与其他孩子或成人一同玩耍，他们会获益良多。最理想的情况是，每天都让孩子有这样的机会。由于成熟速率的差异，这个年龄的女孩子身体发育往往比男孩子快，这些游戏也表现出一定的性别差异，因此，男孩子需要这些户外玩耍机会的年龄阶段可能要比女孩子长。

很明显，当你请成人回忆他们孩童时期的玩耍经历时，他们大多会记得对户外游戏的喜爱。这可能是因为户外游戏中的家长监督相对较少。然而，如今出于大家可以理解的安全考虑，家长对儿童的监督似乎过多，这将不利于儿童发展独立性以及随机应变和自我调节的能力。早期教育工作者对这一问题的普遍认识引发人们重新关注户外游戏、森林学校（斯堪的纳维亚地区的一种户外学校）。很多人就户外环境为儿童发起"冒险"游戏提供的机会进行了有益而鼓舞人心的论述。我想特别推荐托维（Tovey，2007）和弗罗斯特（Frost，2010）的观点。

精细动作游戏指有利于儿童手部精细动作和手指协调技能发展的一系列活动。这些活动常常可以一个人进行，可以得到成人的有效支持（如缝纫或建构）。由于这些活动很吸引人，因此有助于儿童发展专注力和坚持性。在这些游戏领域，对儿童最好的支持是提供多种活动机会，观察哪些活动最吸引他们，然后再提供更多的此类活动机会。有趣的是，我经常看到此类游戏特别受一些男孩喜欢。我记得，我当老师的时候就有很多这样的案例。有些男孩在其他情境中时常争吵、打架，很难安坐在桌旁或完成纸笔任务，但他们却可以整个下午都在聚精会神地绣图案、绣自己的名字或绣简单的线条图（他们特别喜欢外星人和超人的形象），又或者将毛线在"穿线板"（上面有很多孔可以让毛线穿过）的穿孔里穿来穿去。

物体游戏

第二类游戏在灵长类动物和人类中也很常见（Power，2000），与儿童像科学家那样探索周围世界和物体的能力的发展有关。它与身体游戏、社会戏剧、象征游戏之间有着有趣且重要的联系。物体游戏自婴儿能抓住物体就开始出现，早期探索行为包括咬/啃、擦/摸、敲击、扔，或者看着物品转动，等等。这可以称为"感知运动"游戏（Smith，2000），此时儿童在探索物品或材料感觉起来如何，以及可以用它们来做什么。在18—24个月时，儿童开始摆放物体，之后逐步进展为排序和分类活动。4岁左右出现搭建和建构行为。

物体游戏的很多益处与其他类型游戏相关。就身体游戏而言，很明显，摆弄大大小小的物体，用它们来搭建和构造东西，这是发展身体技能的绝佳方式。研究表明，物体游戏（若与象征游戏或假装/社会戏剧游戏关联起来）可以促进创造性的发展。例如，儿童在搭建和构造时常常会编出一个事件或一个故事。

物体游戏本身与思维、推理、问题解决能力的发展密切相关。维果茨基认为，这类游戏特别有助于培养儿童对认知的自我调节能力。

在摆弄各种物品的时候，儿童会给自己设定目标，提出挑战，监控实现目标的过程，形成解决问题的策略。也许是因为有理论指出游戏与学习的重要方面有紧密联系，因此，很多研究在探讨儿童如何在游戏中运用物品来解决问题。这些研究大多受到杰罗姆·布鲁纳及其同事关于思维灵活性的经典实验的启发（Sylva et al., 1976）。现在看来，最初的实验任务有些怪异，要求儿童在不离开座位的前提下，从远端的透明盒中取一根粉笔，为此他们需要用"G"形夹将长棍连接起来，并使钩子插入棍子末端（见图4.2）。如果我们意识到这一实验依据的是当时非常流行的诱饵获取实验（lure retrieval experiments），那么我们会更好地理解其意义。诱饵获取实验用于测量多种动物的问题解决能力，通常是让被试用一种工具（棍子）或者组合多个工具（棍子、被试可以站在上面的盒子）来获取食物。在布鲁纳的实验中，一组儿童有机会用相关的物品（棍子、"G"形夹、钩子等）玩耍，另一组则是由实验者教他们如何利用物品来解决问题。

结果相当令人惊讶。在"玩耍"或是"被教导"之后，研究者请孩子们去解决问题，从成功完成任务的儿童比例看，两组表现水平相似。然而，"被教导"组的反应倾向于"要么会要么不会"，有些儿童立即准确地想起并遵照指导，另一些儿童则一遇到失败就放弃。相反，用相关物品玩

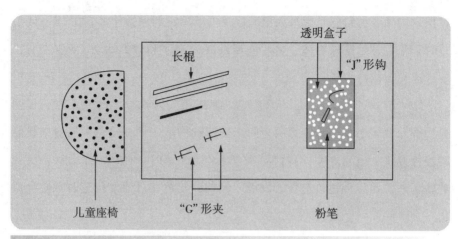

图 4.2　布鲁纳的游戏实验

耍的儿童能更有创造性地寻找问题解决策略，在初次尝试不成功时能坚持更久。"玩耍"组中立即解决问题的儿童比例与"被教导"组相同，但有很多初次未成功的儿童会以其他可能的方式进行第二次或第三次尝试，最终解决问题或接近解决问题。这一结果意味着，儿童通过玩物品不仅对物体及其使用方式形成了更加灵活的思考，而且对问题和挫折形成了更加积极的态度。

史密斯（2006）曾经提出，由于实验条件的局限，这一研究在方法论方面存在一些问题。实验中，孩子们玩物品和被教导的时间很短（有时只有 10 分钟），因此很难判断研究结果与儿童日常生活经验的吻合程度。尽管如此，后来有很多研究通过其他任务得出了相似的结果。后面我将介绍我与同事所做的一项关于假装/社会戏剧游戏的研究。此外，佩莱格里尼与古斯塔夫森（Gustafson，2005）在关于物体游戏的后续研究中，对 3—5 岁儿童进行了一整个学年的观察。这些观察数据显示，儿童参与游戏探索、建构活动、使用工具活动的多少，可以预测儿童在随后的诱饵获取实验中的表现。实验中的问题解决情境与布鲁纳的实验相似。

物体游戏与独白的产生有特殊的联系。独白指儿童自己对活动的口头评论。这是幼儿的一种常见表现，最先被皮亚杰（1959）发现并界定。维果茨基（1986）认为其具有自我调节功能，可以帮助儿童对活动的目标、进程、不同活动方式的成败进行监控。很多研究表明，在物体游戏和建构游戏中产生的独白与一些重要认知能力的发展密切相关。在第六章讨论语言与学习的关系时，我们还将更加具体地探讨这一现象。根据布鲁纳的实验研究，建构游戏和问题解决游戏与坚持性和积极应对挑战的态度的发展有联系。

　　儿童并非需要很多专门化的玩具才能开展这类游戏。如果制作精良的玩具不能给儿童提供创造和解决问题的机会，那么它们只能发挥很小的作用。婴幼儿只需要日常生活中最基本的家居用品或自然物品。对一岁左右的孩子，一个特别成功的做法是给他们一个装满各种有趣的自然物品或家居用品的百宝篮（见图4.3），让他们坐下来好好玩。各种容器（如套杯）、纸筒、木勺、海绵、串珠等，特别受孩子喜爱（Goldschmerd and Jackson, 2003）。这种活动最早被埃莉诺·戈德斯米德（Elinor Goldschmeid）称作启发式游戏，即在游戏中探索各种东西是怎样用的，现在有时还在用这种说法。另一种形式的物体游戏被称为"脏乱游戏"，可能最容易在户外进行（如玩水、沙，在花园挖坑）。此外，孩子们很喜欢基本的烹饪活动，因此

图4.3　埃莉诺·戈德斯米德的"百宝篮"

厨房也可以提供很多机会让孩子用各种材料来做试验。胶泥是非常理想的造型材料（可以用来玩"家庭制作"，做出各种奇形怪状的东西）。

随着儿童的成长，在这些基本的探索活动和造型活动基础上，可以为儿童提供拼图及其他拼插玩具，以及多种建构玩具，包括简单积木和制作精良、可灵活用于搭建不同物体的开放式建构材料等。或许有些令人吃惊，关于这类稍晚出现的建构游戏的研究相对较少。在已有的研究中，蒂娜·布鲁斯（Tina Bruce）所收集的关于积木游戏的证据令人印象深刻（见图4.4，更多的例子可参看 Huleatt et al.，2008）。这是儿童在家中最喜欢的一种游戏。然而，这类游戏在教育机构情境中的效用却未能得到充分发挥，这或许是因为早期教育机构的游戏条件十分有限，这种游戏很难充分开展。

象征游戏

我们现在探讨的是人类特有的游戏类型。其中最主要的两种类型——象征游戏和假装/社会戏剧游戏，彼此紧密联系，且有很多交叠之处。实际上，很多学者认为这两种说法差不多，可以互换。然而，我认为有必要将语言游戏与用语言来进行的假装戏剧或故事表演加以区分。我将前者称为象征游戏，后者则称为假装/社会戏剧游戏。虽然两者密切相关，但我认为它们分别发挥着不同的重要心理功能。

我所定义的象征游戏是指生命的头5年里，儿童无一例外地开始掌握一系列象征符号，包括口头语言、多种视觉媒介、读写、数字等。这些学习内容是他们游戏的重要元素。这类游戏有助于他们发展运用语言、涂色、绘画、拼贴、数字、音乐等手段表达思想、情感、经验的技能。

语言游戏很早就出现，一岁以内的孩子就在玩发声游戏，随着他们渐渐长大，逐渐会用母语的语音或他们听到的其他语言的语音来游戏。这类游戏非常活跃，很快发展出自造词语、对韵，最终出现儿童非常喜欢的双关语和笑话。这是一个被广泛研究的领域，有大量证据表明，上述所有语言游戏与儿童语言能力的发展紧密相关，对形成早期读写能力至关重要。

图4.4 积木游戏

例如，研究者早已达成共识，认为儿童在儿歌方面的知识是其早期读写能力的预测因素。克里斯蒂与罗斯克斯（Christie and Roskos，2006）回顾相关领域的研究发现，有很多证据显示各类语言游戏（包括纯粹的象征游戏和假装/社会戏剧游戏）与语言能力、语音意识、早期读写之间的联系。他们基于大量文献提出一个非常有说服力的观点，即读写教学如果只注重技能学习而不用游戏的方法，那么必然收效甚微，因为儿童只有在以游戏为中介的学习中才具有无限的能量。

关于绘画对儿童成长的作用的研究还比较少。但已有的研究已证实，在儿童学会读写之前，图画及其他符号标记是他们记录经验和表达思想的最普遍和最重要方式。维果茨基（1986）就曾指出，在幼儿所做的书面标记里，经常可以看到早期绘画与书写的紧密联系。与所有游戏一样，要理解儿童绘画的意义和目的，观察绘画过程比观察绘画结果更重要。例如，幼儿的画作常常不是反映某个时间点的静态画面，而是对事件经过的动态记录，绘图的过程往往会伴随一连串动作（没有这些动作则画上的符号就完全无法解释）和一系列对话。

托马斯与西尔克（Thomas and Silk，1990）以及考克斯（Cox，1992）最先提醒人们，要理解儿童的绘画，更重要的是观察过程，而不仅仅看结果。了解儿童的绘画目的也同样重要。研究表明，儿童经常记录自己对物品的认识，而不是物品的样子。实际上，儿童的绘画技能与其语言技能一同发展。儿童通过绘画不仅增加了"图像词汇"（graphic vocabularies），提高将图像组合为一个形象表征（a pictorial representation）的能力（一种"图像语法"），而且越来越能用这种符号表征形式来表达自己的想法。

图4.5是一些儿童绘画的例子，从中可以看出上述发展特征。a展现了如何画脸这一"图像词汇"的运用，如图上右边的人和小狗，左边的人、狗、房子。你可能听过这样一个说法：我们跟宠物长得越来越像了。这在图上得到完美体现！b显示儿童在尝试对图中的元素进行组织和安排，这就是一种"图像语法"。左边是对如何摆放人物手臂的问题的各种解答（包括"太难画，不如省略它们"）。右边列举了儿童在被要求画出人物某具体特征时的两种解决办法。在这两种解决办法中，左边的图都是儿童被

要求画人时画的。右上角的图是儿童被要求画出所有牙齿时重新画的（脸放大到足以装下所有牙齿），右下角的图是要求画出外衣纽扣时的结果（身体拉长，给纽扣留出空间）。c 所显示的儿童绘画特征是，他们只想画出他们知道的东西，而不是事物本来的样子。我们在左边的图中看到很多"透明"画法，如蜘蛛肚子里的苍蝇、妈妈肚子里的宝宝、狗狗脖子上的链子、马身另一边的人腿、站在桌子后面的人，等等。在右上图中，马和马车的画法显示出多种不同视角，这样图中的所有东西都按"常规"视角，展示出尽可能多的信息。马和轮子是从侧面看的样子，车是从上边看的样子，人是从正面看的样子（头顶在右表明了他在马车中的位置）。右下是典型的房屋花园图，表明儿童在画一个复杂场景时，不愿意将事物进行重叠，因此，他们给所有东西都留出位置，使它们全部得以展现。

有证据显示，儿童运用多种视觉媒介开展游戏可以增进其视觉认知能力（即对图画、照片、示意图、测绘图、平面图和地图等的理解能力）。林（Ring，2010）对儿童绘画进行了多年研究，将绘画作为儿童理解自身经验和理解世界的工具，极力倡导早期教育机构为儿童持续提供绘画游戏的机会。对于我们这个视觉化程度越来越高的社会而言，这一建议有非常重要的意义。

虽然音乐游戏是人类各种文化中普遍存在的一种重要游戏形式，关于它的研究却不够多。儿童很小就开始唱歌、跳舞，用自己的身体及各种物品来探索和制造各种声音。特里瓦西等（Trevarthen，1999；Malloch and Trevarthen，2009）的著作就人类"乐感"的重要意义提出了一系列重要见解。他对早期的母婴交往进行了广泛调查，揭示了婴儿对节奏和声音的先天反应对其形成早期交流技能的作用。这些先天反应似乎还与儿童对各种规律性变化的兴趣有关——这种兴趣似乎为数学和审美能力的发展奠定了基础。庞德（Pound，2010）在最近关于早期音乐发展的研究综述中强调，音乐游戏对儿童社会交往、情感理解、记忆、自我调节、创造性等方面的发展有促进作用。

第四章 游戏、成长与学习

儿童画显示

a "图像词汇" 的发展

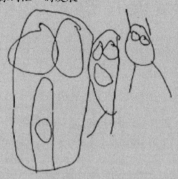 

b "图像语法" 的发展：图像的结构和组织

c 表现自己知道的东西，而不是事物本来的样子

图 4.5　儿童画示例
来源：Cox, 1992；Thomas and Silk, 1990

不言而喻，人类发展符号表征能力是为了促进沟通能力的提高。成人和儿童在鼓励和支持这类游戏及其发展方面有重要作用，和儿童一起玩语音或玩音乐、对韵、绘画，感受语言游戏的趣味等，都有助于提高儿童这方面游戏的质量，促进儿童在其中的学习。最后想说的一个重要观点是，由于社会和教育的压力，象征游戏常因其与读写能力的特殊联系，给家长和教育实践者带来焦虑。然而，研究表明，就儿童语言及读写能力的发展而言，好玩的具有支持性的养育和教育方式比焦虑、纠错型的教育方式更富有成效。本章最后部分还会探讨家长在儿童游戏中的作用。

假装/社会戏剧游戏

从一岁左右开始，在整个儿童早期，直至小学阶段，假装/社会戏剧游戏可能是最普遍的一种游戏形式。我记得女儿到十几岁还对这个世界充满想象和幻想。我记得很多美好的时刻，下班回家，大女儿伊丽莎白（Elisabeth）来迎接我时，用我妻子不再穿的衣服、旧毛巾、亮片、丝带等打扮好。"你好，小利齐①。"我自觉地参与其中，等候她的发落。"我不是小利齐，我是精灵公主。我出现的时候你要跪下，不然我就砍了你的头！"这类游戏里有装扮和角色扮演（幻想世界或真实世界），还包括各种形式的假装，如玩布娃娃、木偶、人形公仔，玩微缩世界，与一位想象的朋友一起玩，和宠物一起玩（这时人们的情感指向最简单的生物）。这类游戏最早出现于出生后第二年，最初表现为独自假装游戏，即儿童把物品当作其他东西，随后出现装扮或把自己扮作另一个人或另一样东西（如妈妈、超人、狗狗等）。四五岁时，这种游戏开始具有合作性和社会性，并逐渐具有故事性或叙事性。

这是研究最广泛的一种游戏形式，部分原因是研究者确认它对儿童想象和思维能力有重要意义。研究一再证明，高质量的假装游戏与认知、社会、学业发展紧密相关。研究显示，游戏经验影响着5—7岁儿童的讲述能力。假装游戏影响演绎推理能力及心理理论（第三章讨论过，这是社会理

① Lizzie，这是伊丽莎白的昵称。——译者注

解的基础）的发展，社会戏剧游戏可以提高易冲动儿童的自我调节能力。这类游戏还与社会情感学习密切相关，能提高儿童理解他人的能力。另外，这类游戏之所以包括照料宠物及与宠物一起玩，是因为研究已表明这些经验有益于情感发展。

很多研究为维果茨基关于假装游戏与儿童符号表征能力发展关系的观点提供了实证依据。季亚琴科（Dyachenko，1980，见 Karpov，2005）提出，使用表征性物品，如棍子、剪纸等，可以显著提高五六岁儿童复述故事的能力，进而促进其在不利用表征物品时的复述能力。伯克等研究者（Berk et al.，2006）报告了一项对 2—6 岁儿童的观察研究，主要观察独白现象。我们在前面讨论过，在维果茨基的理论中，幼儿在完成任务过程中的自言自语或自我评论有非常重要的意义。他指出，这是幼儿学会用语言描述想法并对自己的活动进行自我调节的重要一步。伯克及其同事发现，2—6 岁儿童在开放性的假装游戏中，自言自语和言语自我调节的表现特别好。

参照上述季亚琴科的研究，我和一位教师一起对六七岁的儿童进行了一项研究（Whitebread and Jameson，2010）。我们先给孩子们讲故事，然后给孩子们提供与故事配套的故事包，里面有与故事人物对应的玩偶（图4.6 是故事包示例）。按照西尔瓦等人研究（1976）所采用的"玩耍"或"被教导"模式，让孩子们玩故事包，之后再请孩子们口述故事或把故事写下来。需要指出的是，为了克服原有研究在方法上存在的问题，我们增加了控制条件，即孩子们既没有玩故事包里的玩偶，也没人教他们如何玩。另外，与原有研究不同的是，我们采用了重复测量设计，让 35 名儿童都经历了 3 种不同的教学条件。

好故事的核心是要有一系列的问题或冲突并最终得到成功解决。分析儿童写的故事可以发现，"玩耍"条件下儿童故事中的冲突数量与"被教导"条件下一致，且都比"控制"条件下多。然而相对于"被教导"的条件，"玩耍"条件下产生的故事冲突及解决办法有更多与原故事不同，故事的质量也更高（用英国国家课程水平测验测得的结果）。对口头故事

图 4.6 《要是……》（*If only...*）和《巨鳄》（*The enormous crocodile*）故事包

的分析表明，相对于其他两种条件，"玩耍"条件下，儿童表现得更自信（通过观察儿童行为，用从"极度不自信与焦虑"到"极度自信"的 5 点量表进行测量）。这种差异主要体现在很多儿童在"被教导"后表现出缺乏自信。在经历"玩耍"条件之后，儿童在口述故事活动中表现出的自信也好于教师对他们平常课堂表现的观察评价。

在关于儿童假装游戏的研究中，有相当部分考察了假装或社会戏剧游戏对社会情感发展的益处。有趣的是，正如伯克等人（2006）指出的，这类游戏经常被视为自由游戏，但它对儿童自我控制或自我调节的要求却最多。在这类游戏中，儿童不能按自己的想法冲动行为，而必须遵循社会规则。第三章曾提到社会能力在人类进化中的重要性，而这类游戏可以鼓励和帮助儿童实施和获得社会生活规则，因此，儿童如此热情地投入这类游戏就不足为奇了。伯克与其同事对3—4岁儿童的大量研究发现，社会戏剧游戏的复杂性与儿童社会责任感的提高有明显联系。还有大量研究发现，社会戏剧游戏对情绪的自我调节发展有重要作用。伯克等人（2006）介绍过一项研究，探讨儿童如何应对实验者通过假想情境（如一只饥饿的鳄鱼玩偶威胁说要吃掉所有玩具）诱发的情绪，以及他们如何应对入园第一天母亲离去所带来的压力。这些研究揭示了儿童如何通过包含冲突和解决办法的社会戏剧游戏学会应对这些情况，提高情绪调节水平。这些研究奠定了游戏治疗的基础。克拉克（Clark，2006）指出，在运用游戏进行治疗时，一方面儿童会自发投入充满压力与创伤的情境，另一方面他们可以在治疗性的情境中得到成人的有效支持和帮助。

这类游戏在两个方面需要早期教育工作者和家长特别关注，一是与想象的玩伴一起玩，二是玩枪。研究证据显示，这是儿童正常和有益的两种想象游戏形式，成人的反对或禁止往往会适得其反（即游戏仍然进行，但与成人的关系受到破坏）。关于想象玩伴的研究表明，这不会影响儿童区分现实与幻想，而且想象玩伴可以提高儿童的想象力和讲述能力（Taylor and Mannering，2006）。玩枪与摔跤打斗游戏相似，人们很容易将其与真正的攻击或暴力进行区分，就像我们很容易将《猫和老鼠》动画片与恐怖片区分开一样。和其他社会戏剧游戏一样，儿童在这些游戏中，经由他们最感兴趣的情境发展合作意识和社会技能（Holland，2003；Levin，2006）。当然，儿童毕竟年龄小，社会认知和社交技能还在发展中，有时候游戏会出错，假装的攻击演变成真正的攻击（就像摔跤打斗游戏，偶尔会不幸地真打起来）。很显然，保教人员的角色是帮助相关的儿童学会解决这些问题，把这种情况视为一次教育机会，这会取得不错的结果。不能消极地将之作为禁止此类游戏的原因，因为这样只能导致失望。我与妻子曾经尝试禁止孩子玩芭比娃娃和"我的小马驹"系列玩具，但结果是家中攒了一大桶这样的玩具。

在社会戏剧游戏中，教师和其他成人的角色非常重要，也非常明确。

首先是提供道具。和选择其他玩具一样，选择道具的黄金法则是越简单越好。当然，帽子和服装很有用，但旧床单、小布块、过时的成人衣服等基本装扮材料不仅比现成的服装便宜，而且儿童更容易对它们进行灵活而富有想象力的利用。其他道具也是如此，各种小棒、容器、纸筒、普通家居用品等比专门去买的玩具更好。比如，一个洗衣筐就可以用来做很多有趣的事情！

其次，成人最重要的作用在于参与。研究表明，成人和儿童一起游戏可以提高儿童假装游戏的质量，如一起表演儿童喜爱的故事，成人示范等。在一项对 27—41 个月儿童的研究中，成人先用布娃娃做出很多假装动作，随后儿童在玩布娃娃时表现出更多的想象动作，有些是模仿成人的动作，有些则是新动作（Nielsen and Christie，2008）。稍后我们还会讨论家长在儿童游戏中的作用。

规则游戏

最后，我们来谈谈规则游戏。看到儿童很投入地进行社会戏剧游戏，我们就知道儿童有理解其世界的强烈愿望，因此他们也会对规则感兴趣。当然，这种兴趣不仅仅在社会戏剧游戏中有所表现。儿童从很小就喜欢有规则的游戏，并能自己创造游戏，包括追逐、捉迷藏、投物接物等身体游戏，以及随着年龄增长逐渐出现的棋牌、电子游戏等智力游戏和各种体育运动。从很小时候开始，儿童玩这类游戏时大部分时间和精力用于规则的建立、协商、调整和同伴间的相互提醒。

规则游戏不仅可以帮助儿童加深对规则的理解，它对发展的积极影响还在于它具有社会性。在和朋友、兄弟姐妹、父母一起游戏时，儿童也在学习分享、轮流、理解他人观点等若干社会技能。皮亚杰曾指出儿童游戏对其社会和道德发展的重要影响，德弗里斯（De Vries，2006）对他的观点即该领域的后续研究进行过很好的总结。

电子游戏（包括看电视）是父母深感焦虑的一个方面，他们担心其中的暴力内容，而且觉得它们没什么发展价值或教育意义。有一些研究表明，过多观看暴力影像会导致儿童攻击性增多（这里很难判断是否是因果联系，因为攻击性较多的儿童常常喜欢从各种媒介观看和寻找暴力画面）。但是，研究也表明，精心设计的电子游戏可以给儿童提出具有参与性、创造性、开放性的挑战，让他们尝试解决问题，这与用物品进行问题解决和建构活动的益处差不多。尽管有人担心电子游戏会使儿童与周围人疏离，但实际上，儿童最喜欢的是与他人一起玩，而且比较好的游戏可以激发儿童相互交谈，促进语言能力的发展（关于电子游戏及其他现代信息技术对儿童的益处，请见相关综述，Siraj-Blatchford and Whitebread，2003）。

对儿童来说，规则游戏最关键的是它实质上是一种社会活动。保教人员及其他成人可以同儿童一起玩这类游戏，同时提供机会让儿童与同龄伙伴一起玩。

成人对儿童游戏的支持作用

虽然游戏在本质上是一种必须由儿童发起和控制的活动，但成人还是可以有很多方式参与其中，保教人员为增强游戏对儿童的教育意义和发展价值可以做很多事。有大量研究揭示家长（特别是母亲）参与儿童游戏的多种方式，以及这些参与对增进儿童游戏质量的作用。其中一些研究我已在之前提到过。家长参与游戏的方式包括示范游戏行为、提供有用的资源、在表演中承担一个角色，等等。下面是成人参与儿童游戏的 4 种主要方式。

- 建立一个支持性的环境。当儿童感觉情感安全时，最有可能投入比较复杂的游戏，这些游戏充满冒险和挑战，也最具教育意义和发展价值。我们在第二章已进行过讨论。
- 提供多种游戏机会。我在本章一再强调，儿童可以从各类游戏的混合经验中获得益处。成人可以提供适宜的设备和材料，支持儿童进行不同类型的游戏。有些游戏会引发与文化期待或性别期待相关的挑战，但若成人能据此对儿童的兴趣和热情敏感地做出反应，那么这些问题可以解决。提供多种游戏机会的一种方式是使游戏结构化。

- 结构化。这是曼宁和夏普（Manning and Sharp，1997）首先提出的术语，是一种根据儿童的兴趣开发游戏项目的理念。保教人员要对儿童的兴趣有所回应，在逐步展开的有意义的故事场景中为儿童提供各种游戏机会。德雷克（Drake，2009）提出了很多与儿童喜爱的故事、兴趣（关爱动物——教室里来了一头狮子）、要解决的问题等有关的颇具启发意义的案例。

- 参与。研究发现，如果成人与儿童一起游戏（如一起玩彩泥）或扮演一个角色（如美发店的顾客），这将极大提升儿童游戏的品质，丰富儿童的游戏语言。这要求成人有极大的敏感性，例如，描述你在做什么比询问儿童在做什么更好，也可以取得更大的成效（还有助于把握儿童的真实理解水平）。

这些要点似乎很直白，但是很明显，成人若想卓有成效地参与儿童的游戏，其实并不简单，需要相当多的技巧。当然，最基本的要求是清楚地了解儿童从游戏中能学什么，以及什么情况可能促进或阻碍他们的游戏品质。我想在本章结束部分援引 3 项近年来我认为很有帮助的研究。

首先，霍华德等人考察了儿童对教育机构中的游戏的感受（Howard et al.，2010）。他们在儿童对游戏隐含意思的感受及保教人员所传达的游戏含义方面，取得了一些有趣的发现。研究发现，儿童对游戏的定义与成人的定义明显不同，他们判断一个活动是否为游戏的依据是，活动提供了多少选择性，参与活动的儿童有多高兴，活动的具体地点在哪里（在地板上的是游戏，在桌子上的不是游戏），有时他们还依据活动中要看书或有成人在场而判断该活动不是游戏。此外，这些研究还发现，儿童参与他们认为是游戏的活动时，热情较高，动机较强，会想出更多解决问题的策略

（与布鲁纳关于"游戏与认知灵活性发展密切相关"的观点一致）。以儿童认为是游戏的方式布置任务时，儿童的表现会比以普通方式布置任务更好。这一研究对早期教育实践有重要启示，即要十分留意早期教育环境组织方式及成人与儿童的交往方式向儿童传递的信息，在游戏情境中更是如此。例如，值得注意的是，在明显是游戏的活动中，要减少或消除由成人提供游戏思路带来的影响，成人要以平常而嬉戏的心态与儿童一起玩耍。

其次，一些研究者直接研究教育情境中成人参与对儿童游戏的影响。其中，罗伯塔·戈林科夫（Roberta Golinkoff）等人对相关研究进行了比较全面的回顾（Siner et al., 2006），这些研究主要检验成人是否参与儿童游戏对儿童词汇、图形和空间概念、计算、早期读写等方面学习的影响。研究结果高度赞同教育情境中的"有指导的游戏"（guided play）。根据他们的定义，"有指导的游戏"包括两个要素——这两个要素似乎与我们已经回顾的其他游戏类型一致。首先，"有指导的游戏"需要一个有计划的游戏环境，环境里有丰富的物品和玩具，以给儿童提供体验学习的机会。其次，它需要教师参与儿童的游戏，教师或同儿童一起玩，或提出开放性的问题，或建议儿童用以前没用的方式对各种材料进行探索。例如，有一项典型的实验，旨在教3—5岁儿童三角形的概念。教师先告诉孩子们三角形有3条边，接着他们分别接受3种不同的实验条件。第一组采用"有指导的游戏"的方式，让孩子们扮演侦探，与成人一起去发现"形状的秘密"；第二组是被动的"直接指导"，孩子们看着成人找到三角形；第三组用同样多的时间自由探索各种形状。"有指导的游戏"组的儿童对常规三角形和非常规三角形的掌握程度明显好于其他两个组。尽管这些实验研究更多探讨的是指导而非儿童游戏（这显示在这一领域进行严格控制的研究有一定困难），但它们确实表明，在某些学习方面，如果成人能对儿童游戏保持敏感，使儿童保持积极主动的游戏状态，那么成人的参与可以促进儿童游戏的开展。

在我看来，能使我们深入了解儿童游戏与学习关系的第三个近期研究领域是，游戏经验可以为儿童发展元认知和自我调节能力提供机会。例如，我们曾援引伯克等人（2006）关于社会戏剧游戏的研究。正如我在本书中一直强调的，研究者已就儿童早期在这些方面发展的重要意义达成共识。为此，本书最后一章将专门讨论这一主题。当然，这里还是需要强调——就像我在第一章谈到过的，在与游戏有关的其他地方也谈到过（Whitebread，2010）——让儿童感到情感温暖和安全，感到自己能控制周围环境，能体验适当程度的认知挑战，有很多机会说话和对自己的学习进行反思，这样的情境会极大增强儿童自我调节能力的发展。有好玩的情境，有对儿童目标和角色非常了解的成人给予敏感的支持，是为儿童创设良好成长条件最恰当甚至是唯一恰当的做法。

本章小结

我将本章放在本书中间位置，因为这似乎是一本以儿童学习和发展为中心的书最恰当的安排。我们已经看到，游戏在儿童活动和行为中非常普遍。我们有充分的理由相信，这是人类适应进化的结果，游戏使我们发展智力、情感、社会能力，应对新的条件和问题。在现今快速变化的世界里，为儿童创造在游戏中学习的机会似乎越来越重要。游戏非常难定义，对研究者有一定的挑战性。但是，我想指出，这一领域的新近研究已可以为早期教育工作者提出清晰的指导。首先，前几章关于情感和社会性发展的议题与支持儿童游戏的议题密切相关。下面是几个其他方面的要点。

- 不同形式的游戏可以按其发展目标分为 5 类；早期教育要支持所有类型的游戏，保证每个儿童都可以获得多种游戏的体验。
- 高质量的游戏往往是儿童发起的，其间儿童有高水平的活动和高度的参与；儿童通常会在游戏中给自己设定挑战，并展示其理解和能力的真实水平。因此，仔细观察儿童游戏，这可能是一种最有效的评估方法。

- 仔细观察儿童游戏也是确定如何提供教育指导的基础；保教人员可以通过提问、提出挑战、提供新材料、参与讲述等方式使儿童的游戏趋于结构化，但前提是能敏感地回应儿童的兴趣。

- 儿童在游戏情境中的自言自语，包括幻想的谈话，表明游戏对儿童有一定的挑战性，因此，它是高质量游戏体验的标志，也是儿童学习对其经验和想法进行内部表征的重要手段。为增进儿童这方面的发展，保教人员可以在游戏中与儿童交谈，描述他们的经验及其与其他经验的联系。

- 保教人员的参与可以极大地提高儿童游戏的质量；游戏不应与"工作"对立，不能是完成"工作"后才允许游戏；不要认为游戏是儿童的自由活动，而"工作"才是儿童与成人或保教人员一起进行的活动。

- 在儿童控制游戏的情况下，保教人员参与游戏的效果最好，也只有这样，游戏经验才能促进儿童自我调节能力的发展。

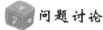 问题讨论

- 多大年龄的儿童仍适合在学校游戏？
- 我们是否应该总是允许儿童在游戏活动中自由选择？
- 对那些总想用同一种方式或在同一区域玩耍的儿童，我们应该怎么办？
- 成人的游戏有意义吗？ 成人是否不再游戏？

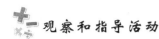观察和指导活动

1. 观察游戏

在儿童的自发游戏中，对一个儿童或一组儿童观察 15—20 分钟。请带着以下问题进行观察。

（1）儿童在玩什么游戏？

身体游戏、物体游戏、象征游戏、假装/社会戏剧游戏、规则游戏？（注意，一个活动中可能交织着几类游戏）

（2）有什么证据表明儿童在积极游戏？

（关注儿童的参与度、专注度、情绪状态、活动水平、努力程度、坚持性）

（3）儿童在游戏中的社会活动程度如何？

- 是否有人旁观，有平行游戏或模仿？

- 是否有互动？

- 是否有争吵，如何得到解决？

- 是否有合作？

- 是否有角色扮演？

（4）儿童在游戏时是否交谈？他们在谈什么？

- 自言自语还是与他人交谈？

- 谈话与游戏活动有关吗？

- 在描述正在发生的事或边做边说吗？

- 在决定自己需要做什么吗？

- 在与他人协商吗？

- 在决定游戏规则吗？

- 谈话是假装的一部分吗？

（5）儿童从游戏中获得了哪些方面的乐趣或满足？

- 感知/身体？

- 认知/问题解决?

- 社会/情感/友情?

- 个人成就?

（6） 如果有的话， 你认为儿童在游戏活动中可能学到了什么?

2. 参与游戏

你应该尝试以某种方式参与儿童的游戏。 如何参与取决于儿童的年龄和他们正在进行的游戏类型。 以下是一些可以尝试的做法。

- 在沙坑里同儿童一起玩耍， 或者和他们一起搭积木、 玩乐高玩具。

- 在幻想游戏中扮演一个角色 （ 在美发店理发、 到城堡觐见国王或到医院当病人 ）。

- 在美术区作画或制作模型。

- 与儿童一起跳舞、 编舞。

- 在操场加入儿童的跳绳或其他运动。

- 与一组儿童一起玩棋、 牌或电脑游戏， 创造一种新的棋牌游戏。

- 与一组儿童一起编歌/编曲。

- 与一组儿童分享笑话 （ 或制作笑话书 ）。

- 与一组儿童一起编故事或者编戏剧 （ 可以根据他们选出的故事 ）， 你可以在其中扮演一个角色。

当你参与儿童游戏时， 最重要的是你不能以任何方式主导游戏， 你的角色是促进者。 控制住你想教儿童东西的想法， 让他们来引导你， 并让他们自己做决定。 你只需要玩得开心， 这最重要， 儿童很容易看出你是不是真在玩。 活动结束后， 尝试回答以下问题。

（1） 你是否促进了儿童的游戏： 以什么方式和手段?

- 提供资源?

- 提出建议/出主意?

- 帮助他们解决争议?

（2） 儿童的游戏是否由于你的出现而发生改变？

（是否有证据显示游戏的质量和儿童的参与度得到增强或降低？ ）

（3） 你是注意的焦点还是仅仅为小组一员？

（这样的后果是什么？ 这是怎么发生的？ 为什么会这样？ ）

（4） 儿童喜欢你的参与吗？

（他们是否邀请你再次参加游戏？ 是否有其他组请你参与？ ）

（5） 儿童是否跟你谈论任务/游戏或其他事？

（这里有游戏质量/结构的问题， 也涉及通过谈论其他事来建立关系/信任的问题 ）

（6） 你对儿童有哪些新的认识？

（能力/理解/兴趣/情感/困惑/关系——你是否认识到一些仅在游戏情境中才有所表现的东西？ ）

参考文献

Bennett, N. , Wood, L. and Rogers, S. (1997) *Teaching through Play.* Buckingham: Open University Press.

Berk, L. E. , Mann, T. D. and Ogan, A. T. (2006) 'Make-believe play: wellspring for development of self-regulation', in D. G. Singer, R. M. Golinkoff and K. Hirsh-Pasek (eds) *Play = Learning: How Play Motivates and Enhances Children's Cognitive and Social-Emotional Growth* (pp. 74-100). Oxford: Oxford University Press.

Bornstein, M. H. (2006) 'On the significance of social relationships in the development of children's earliest symbolic play: an ecological perspective', in A. Göncü and S. Gaskins (eds) *Play and Development: Evolutionary, Sociocultural and Functional Perspectives* (pp. 101-29). Mahwah, NJ: Lawrence Erlbaum.

Bruner, J. S. (1972) 'Nature and uses of immaturity', *American Psychologist*, 27, 687-708.

Christie, J. F. and Roskos, K. A. (2006) 'Standards, science and the role of play in early literacy education', in D. G. Singer, R. M. Golinkoff and K. Hirsh-Pasek (eds) *Play = Learning*, Oxford: Oxford University Press.

Clark, C. D. (2006) 'Therapeutic advantages of play', in A. Göncü and S. Gaskins (eds)

Play and Development: Evolutionary, Sociocultural and Functional Perspectives (pp. 275 – 93). Mahwah, NJ: Lawrence Erlbaum.

Cox, M. (1992) *Children's Drawings.* London: Penguin.

De Vries, R. (2006) 'Games with rules', in D. P. Fromberg and D. Bergen (eds) *Play from Birth to Twelve*, 2nd edn. Abingdon: Routledge.

Drake, J. (2009) *Planning for Children's Play and Learning*, 3rd edn. Abingdon: Routledge.

Frost, J. L. (2010) *A History of Children's Play and Play Environments: Toward a Contemporary Child-saving Movement.* London: Routledge.

Gaskins, S. (2000) 'Children's daily activities in a Mayan village: a culturally grounded description', *Journal of Cross-Cultural Research*, 34, 375–89.

Goldschmeid, E. and Jackson, S. (2003) *People Under Three: Young Children in Day Care*, 2nd edn. London: Routledge.

Guha, M. (1987) 'Play in School', in G. M. Blenkin and A. V. Kelly (eds) *Early Childhood Education* (pp. 61–79). London: Paul Chapman.

Holland, P. (2003) *We Don't Play With Guns Here.* Maidenhead: Open University Press.

Howard, J. (2010) 'Making the most of play in the early years: the importance of children's perceptions', in P. Broadhead, J. Howard and E. Wood (eds) *Play and Learning in the Early Years.* London: Sage.

Huleatt, H., Bruce, T., McNair, L. and Siencyn, S. W. (2008) *I Made a Unicorn! Open-ended Play with Blocks and Simple Materials.* Robertsbridge, East Sussex: Community Playthings (www.communityplaythings.co.uk).

Jarvis, P. (2010) ' "Born to play": the biocultural roots of rough and tumble play, and its impact upon young children's learning and development', in P. Broadhead, J. Howard and E. Wood (eds) *Play and Learning in the Early Years.* London: Sage.

Karpov, Y. V. (2005) *The Neo-Vygotskian Approach to Child Development.* Cambridge: Cambridge University Press.

Levin, D. E. (2006) 'Play and violence: understanding and responding effectively', in D. P. Fromberg and D. Bergen (eds) *Play From Birth to Twelve: Context, Perspectives, and Meanings*, 2nd edn (pp. 395–404). London: Routledge.

Malloch, S. and Trevarthen, C. (2009) *Communicative Musicality: Exploring the Basis of Human Companionship.* Oxford: Oxford University Press.

Manning, K. and Sharp, A. (1977) *Structuring Play in the Early Years at School.* Cardiff: Ward Lock Educational.

Moyles, J. (1989) *Just Playing? The Role and Status of Play in Early Childhood Education.* Milton Keynes: Open University Press.

Nielsen, M. and Christie, T. (2008) 'Adult modeling facilitates young children's generation of novel pretend acts', *Infant and Child Development*, 17 (2), 151–62.

Pellegrini, A. D. (2009) *The Role of Play in Human Development.* Oxford: Oxford University Press.

Pellegrini, A. D. and Gustafson, K. (2005) 'Boys' and girls' uses of objects for exploration, play and tools in early childhood', in A. D. Pellegrini and P. K. Smith (eds) *The Nature of Play: Great Apes and Humans* (pp. 113–35). New York: Guilford Press.

Pellegrini, A. D. and Smith, P. K. (1998) 'Physical activity play: the nature and function of a neglected aspect of play', *Child Development*, 69 (3), 577–98.

Pellis, S. and Pellis, V. (2009) *The Playful Brain.* Oxford: Oneworld Publications.

Piaget, J. (1959) *The Language and Thought of the Child.* London: Routledge and

Kegan Paul. Pound, L. (2010) 'Playing music', in J. Moyles (ed.). *The Excellence of Play.* Maidenhead: Open University Press.

Power, T. G. (2000) *Play and Exploration in Children and Animals.* Mahwah, NJ: Lawrence Erlbaum.

Ring, K. (2010) 'Supporting a playful approach to drawing', in P. Broadhead, J. Howard and E. Wood (eds) *Play and Learning in the Early Years.* London: Sage.

Singer, D. G., Golinkoff, R. M. and Hirsh-Pasek, K. (2006) *Play=Learning: How Play Motivates and Enhances Children's Cognitive and Social-emotional Growth.* Oxford: Oxford University Press.

Siraj-Blatchford, J. and Whitebread, D. (2003) *Supporting Information and Communication Technology in the Early Years.* Buckingham: Open University Press.

第四章　游戏、成长与学习

Smith, P. K. (1990) 'The role of play in the nursery and primary school curriculum', in C. Rogers, and P. Kutnick (eds) *The Social Psychology of the Primary School* (pp. 144–168). London: Routledge.

Smith, P. K. (2006) 'Evolutionary foundations and functions of play: an overview', in A. G. ncü and S. Gaskins (eds) *Play and Development: Evolutionary, Sociocultural and Functional Perspectives* (pp. 21–49). Mahwah, NJ: Lawrence Erlbaum.

Smith, P. K. (2010) *Children and Play.* Chichester: Wiley-Blackwell.

Sylva, K. and Czerniewska, P. (1985) *Play: Personality, Development and Learning* (Unit 6, E206). Milton Keynes: Open University Press.

Sylva, K., Bruner, J. S. and Genova, P. (1976) 'The role of play in the problem-solving of children 3–5 years old', in J. S. Bruner, A. Jolly and K. Sylva (eds) *Play: Its Role in Development and Evolution* (pp. 55–67). London: Penguin.

Tamis-LeMonda, C. S. and Bornstein, M. H. (1989) 'Habituation and maternal encouragement of attention in infancy as predictors of toddler language, play and representational competence', *Child Development*, 60, 738–51.

Taylor, M. and Mannering, A. M. (2006) 'Of Hobbes and Harvey: the imaginary companions created by children and adults'; in A. G. ncü and S. Gaskins (eds), *Play and Development: Evolutionary, Sociocultural and Functional Perspectives* (pp. 227–45). Mahwah, NJ: Lawrence Erlbaum.

Thomas, G. V. and Silk, A. M. J. (1990) *An Introduction to the Psychology of Children's Drawings.* Hemel Hempstead: Harvester Wheatsheaf.

Tovey, H. (2007) *Playing Outdoors: Spaces and Places, Risk and Challenge.* Maidenhead: Open University Press.

Trevarthen, C. (1999) 'Musicality and the intrinsic motive pulse: evidence from human psychobiology and infant communication', in *Rhythms, Musial Narrative, and the Origins of Human Communication. Musicae Scientiae*, Special Issue, 1999–2000 (pp. 157–213). Liege: European Society for the Cognitive Sciences of Music.

Vygotsky, L. S. (1978) 'The role of play in development', in *Mind in Society* (pp. 92–104). Cambridge, MA: Harvard University Press.

Vygotsky, L. (1986) *Thought and Language.* Cambridge, MA: MIT Press.

Whitebread, D. (2010) 'Play, metacognition and self-regulation', in P. Broadhead, J. Howard and E. Wood (eds) *Play and Learning in the Early Years.* London: Sage.

Whitebread, D. and Jameson, H. (2010) 'Play beyond the Foundation Stage: story-telling, creative writing and self-regulation in able 6-7 year olds', in J. Moyles (ed.) *The Excellence of Play*, 3rd edn (pp. 95-107). Maidenhead: Open University Press.

第四章 游戏、成长与学习

第五章　记忆与理解

关键问题

- 我们的记忆如何工作？
- 小小孩表现出怎样的记忆能力？
- 记忆力以怎样的方式发展？
- 记忆如何影响学习和理解？
- 我们如何帮助儿童形成有效的记忆能力？

学习、 记忆与早期教育

在这一章和下一章，我们主要关注儿童的认知发展。当然，这与我们在之前各章讨论的情感和社会性的发展密切相关且相互依赖。与此类似，认知发展内部也有多个相互依赖的系统，我们很难将它们彼此割裂。学习、思考、理解、记忆、问题解决等过程每时每刻都相互关联。但是，为了便于讨论，我们必须对它们有所区分。因此，本章所关注的认知发展主要侧重发展心理学关于记忆的广泛研究，下一章则主要聚焦于关于学习的探索。

过去 20 年里，在儿童记忆发展领域的研究取得了重大进展。正如科学研究经常出现的那样（如天文望远镜的发明），这些进展在很大程度上归功于研究方法的革新。过去的记忆研究大多采用口头回忆的方法，结果认为儿童在 3 岁之前几乎只是生活在"此时此刻",不能在头脑中表征过去发生的事。因此,人们认为他们的记忆极为有限,缺乏组织性。这种观点现在已被认为完全错误。新的视线追踪技术使研究者有办法对前言语期的婴儿进行研究,通过他们的注视表现考察其识记和再认物体、图画、人脸等的情况。比如,给 5 个月大的婴儿出示他们之前见过的人脸(最多可以是两周之前见过)和他们没见过的人脸,他们看熟悉脸庞的时间比看陌生脸庞的时间长。简单的观察也表明,在 17 个月时,儿童在熟悉的场景中会记住一系列活动(比如给玩具熊洗澡)并重现这些活动。帕特丽夏·鲍尔(Patricia Bauer,2002)就这项研究写了一篇精彩的介绍,并在明尼苏达州立大学与同事一起做了很多研究。根据鲍尔和同事得出的结论,这项研究的一个重要结果是对"婴儿期健忘"形成了新的认识,即我们之所以无法回忆三四岁之前的事情,主要是早期言语而非记忆能力发展局限所致。

尽管记忆能力的某些方面似乎在婴儿早期就具备,但还有很多其他方面正在发展中。由于儿童不仅要学习很多东西,而且要学习关于学习本身的许多东西,因此,对儿童的教学是非常神奇和富有挑战性的。早期教育者不能简单地把要学习、记忆、理解的材料呈现给儿童,让他们自己去学。如果是这样,早期教育就太简单,甚至可能极为单调。

不同类型和不同方面的记忆和学习存在差异,其事实依据是,我们在日常生活中可以看到,有的儿童在入学前或在有人试图教他们之前已能有效地学习,但上学后却在学习上遇到困难。和很多其他发展方面一样,绝大部分儿童在入学前,在人生的最初几年里,在学说一门或两门语言方面就取得了惊人的发展成就。只是在入学后,才有相当数量的儿童开始在学习和记忆方面遇到困难。与入学前相比,学校对学习的要求具有两个突出的难点。

- 要求学生有目的、有意识地记忆多种不同信息,这些信息大多是规定性的(如字母表中的字母、读音与字母的关联、数字符号等)

或与他们的日常生活无关（如都铎王朝和斯图亚特王朝、三角形的特点、能量和力等）。

- 要求学生理解和运用的概念和原理不是生活经验里自然呈现的，而是主要来自按计划传递的"课程"。

当然，这在早期教育机构中不太明显，但在教育体系内，随着儿童年级升高，这些特点会越来越突出。因此，早期教育主要是帮助儿童实现从"无意"记忆和学习向"有意"记忆和学习转化。这一转化不仅是学校教育的要求，从发展心理学的角度，这也是儿童发展对认知的自我意识和控制的重要部分。它可以促进推理、思考、问题解决、决策等更高级心理过程的发展。因此，早期教育工作者面临的挑战是，他们为儿童设计的活动和经验里要呈现一些儿童容易理解和可以记忆的观点和信息，同时还要有助于培养他们的记忆和学习能力，或帮助他们成为更加独立、更能自我调节的学习者。

设计这样的活动和经验必须以对儿童记忆和学习能力发展的理解为基础。本章的目标是说明心理学家近期怎样理解人类记忆的结构和发展特点及其在儿童学习和理解周围世界中的作用。我们将看到，神经科学家关于大脑的新近研究已与认知发展心理学的理论观点结合，可以为熟练教师提供可资利用的清晰的指导，使他们提高早期教学的有效性，帮助儿童成为高效学习者。

人类记忆系统的结构

关于记忆的研究发现，记忆是人类认知加工过程中一个复杂的多层次的部分。我们并非只有一个记忆系统，而是有若干记忆系统，每个系统有独特的结构特征，各自发挥不同的功能。人类记忆的这一特点可以通过我们觉得哪些东西容易记、哪些东西难记来体现。在继续阅读之前，请看看下列内容中，你认为最容易记和最难记的分别是什么？

- 歌曲的旋律。

- 字母表里的字母。

- 如何骑自行车。

- 你见过的人的名字。

- 听课笔记。

- 美国的 50 个州。

- 电话号码。

- 怎样画脸。

- 在一次重要的面试中发生的事。

- 你把钥匙丢在哪儿。

- 彩虹的颜色。

- 关于你感兴趣的事物的新消息。

- 关于你不感兴趣的事物的重要消息。

如果你与一群成人做这个游戏，总会有些选项相同，有些选项不同。有些人能记住旋律但不能记住数字，另一些人能记住电话号码却不能记住人名。这意味着存在与不同信息对应的多个记忆系统。同样，一些人有很强的视觉记忆，另一些人则更能有效地记忆口头信息。

其他一些领域的记忆往往共性较大，例如，像骑自行车、画脸等实践性的记忆一般不成问题。通过复述、唱歌、记忆术等可以确保对字母表中字母和彩虹颜色的记忆。我们可以确认哪些是美国的州，但也许我们不能一一说出 50 个州。我们知道怎样通过在头脑里"播放近期经验的录像带"来找到钥匙。我们对面试中发生的事和我们感兴趣的事物记得很牢，但听课笔记和我们不感兴趣的事物却容易烟消云散。我曾经看过我写的听讲笔记，有些还是前不久写的。尽管其中包含的一些新观点现在已是我思考的核心部分，但我对笔记却一点也不记得。

所有这些都证明，人类的记忆系统很复杂，但它在以特定的方式运作，对我们的学习有重要影响。这个系统完美地履行特定的记忆和学习任务。例如，它会为了有效记忆重要的东西而剔除不重要的信息。

分析人类记忆系统结构的开创性理论是阿特金森和希夫林（Atkinson and Shiffrin，1968）提出的记忆的多重存储模型。他们提出 3 种基本的记忆存储，即感觉存储、短时存储、长时存储。这一模型得到当时具体研究证据的支持，该领域的随后研究仅仅是将这一基本模型进一步具体化。图 5.1 展示的是关于人类记忆的结构和过程的模型，本章主要参照这一模型进行讨论。接下来将回顾关于人类记忆系统各个部分及其发展的研究，揭示它们对早期教育的启示。

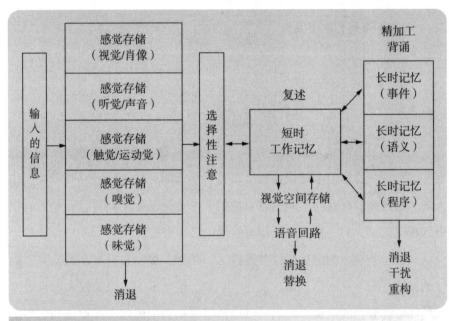

图 5.1　记忆的多重存储模型
来源：改编自 Atkinson and Shiffrin，1968

感觉存储、再认和选择性注意

根据这个模型，从环境中输入的信息最先通过感觉接收器进入感觉存储（每种感觉通道有对应的感觉存储）。这一过程就像最初的电影放映装置一样，它保留信息的时间不长（大约半秒），足以将重要的、突出的、相关的信息筛选出来传入短时存储（现在称工作记忆）。绝大多数未选中的信息很快就消退和丢失。

关于这一过程，有一项经典的"鸡尾酒会"实验。你在一个人头攒动的房间里，认真地听你所在小组的对话并过滤掉其他对话，直到房间另一端有人说到你的名字。突然，你的注意就转向另一组的谈话。这展现了我们记忆系统的两个重要特征："再认"很重要，"选择性注意"很有力。

再认

尽管我们没有意识到，但我们一直在对进入我们感觉接收器的信息进行监控。这一监控过程涉及最早出现的最简单的记忆形式，即再认。人类大脑非常善于认出之前注意过和接收过的信息。神经科学家的最新研究显示，知识在大脑中的存储表现为神经元或者说脑细胞连接网络。因此，学习是建立神经元连接网络、对这些网络进行匹配并在网络之间建立连接的过程。当我们接收到之前已遇到过的信息时，它会激活之前已建立的神经元连接网络，这种精确的匹配使我们认出这种信息，这就是再认。这是我们长时记忆系统的基本工作方式，是我们出生时就具备的一种能力。对幼儿的实验显示，他们的再认能力与成人相同（那些在"找对子"纸牌游戏中输给小小孩的成人可以作证）。

神经系统的运作可以解释为什么我们再认信息比回忆信息更容易。例如，我们可以轻易地认出某个人的脸，但是回忆名字就比较困难。再认只需要将传入的感官信息与相应的神经元网络匹配，而回忆则需要我们匹配之后再去找出一个连接网络。我们之后会看到，不同神经元连接网络之间的连接强度有赖于重复。然而，我们必须注意，我们的注意主要受再认过程的引导。

选择性注意

"鸡尾酒会"现象显示的第二个特征，即选择性注意很强大。聚会中常发生的一种情况是，你在很有礼貌地听人唠叨一些你完全不感兴趣的话，而旁边几个人在兴奋地谈论你喜欢的电影，有滋有味地聊着你认识的人的八卦消息，开心地轮流讲非常好笑的笑话。此刻，要对同伴的枯燥话题，比如从哪条路来参加聚会保持注意是不可能的。

早期教育机构的教室与聚会场所有一些共同特点，有很多东西会让孩子们分心。成人有能力强迫自己只留意当前输入的感觉信息的某个方面而忽略其他，但幼儿还没有学会这种控制。哈根和黑尔（Hagen and Hale, 1973）的研究揭示了选择性注意的发展，他们分别请5—6岁的儿童和14—15岁的儿童记忆一系列卡片。每张卡片都有两幅图像，其中一幅被称为"重要图像"，需要儿童记忆。在这一情形下，14—15岁组记住的重要图像比5—6岁组多，但5—6岁组记住了更多没要求记忆的图像。所以，两组记忆的信息数量相同，只是年龄较大组的注意更加有效。

认识到选择性注意的重要性，我们才清楚为什么以帮助幼儿学习为目标的教学活动首先要让他们感兴趣，能够吸引他们，并与他们的个人经验有一定相关性。因为幼儿还没有学会有效控制自己的注意，只有这样才能使他们保持注意。

要抓住幼儿的注意力，必须考虑再认因素，要使新的信息与幼儿已经知道的东西有所联系。如果不这样，幼儿的注意很容易转移，保教人员精心设计和准备的所有重要信息将在0.5秒内从幼儿的感觉存储中消退。

感觉通道

感觉存储过程的另一个重要特征是，每种感官就像是一个单一通道，一次只能传输一项信息。其结果是，同一感觉通道的不同信息要一个接一个地进入。因此，同时听两个人说话是不可能的，即便他们在告诉你同一件事。来自不同感觉通道（如听觉和视觉）的相关信息却可以彼此支持，相互强化。

在向幼儿介绍新的信息、观点、概念时，发挥多感官信息的相互支持作用是很重要的。单纯靠听别人说或读一份材料来获取知识，这对幼儿来说特别困难，这可以由幼儿图画书和知识图册里的图画的重要作用来证明。特别是在向幼儿介绍新的事物时，需要提供看、听、触摸的机会，让幼儿以尽可能多的方式充分体验这些事物。利用多感官方式设计的旨在帮助幼儿学习的活动往往最容易取得成功，这就是为什么对一手材料的丰富感知经验总会对幼儿的学习有所帮助的原因。

我们将看到，对特定过程和表征的感觉也是短时记忆和长时记忆的重要因素。

短时存储和工作记忆

阿特金森和谢夫林确定的人类记忆系统的中心结构是短时存储。随后巴德利和希契（Baddeley and Hitch，1974）的研究将它定义为工作记忆，这是现在常用的说法。这表明，记忆系统的这个方面更像是一系列动态过程而不是一种静态的存储。

我们通过工作记忆把信息带入意识，以便对它们进行处理。工作记忆有 3 个显著特征，对儿童执行各种认知任务有重要影响，同时决定记忆以怎样的方式发展。

复述和语音回路

第一，短时存储和工作记忆系统的一个突出特征是，这里保存的信息同感觉存储一样会消退。当然，消退的过程要慢一些。信息在感觉存储中停留半秒就会消失，而研究表明，信息在工作记忆中可以保持半分钟。而且，如果需要信息留存更长时间，可以通过复述来重新保存。这就好像工作记忆里的信息在沿着传送带行进，从一端到另一端需要 30 秒，之后信息从末端掉落并消失。然而，我们有可能在信息掉落之前把它们捡回来重新放回传送带的始端，再给它们 30 秒。这一重新输入信息的过程可以反复进行。

除了使我们根据需要把信息留存在记忆里一段时间外，复述还有助于完成另一个目标，即把信息从短时记忆传入长时记忆。一系列证据显示，信息被复述的次数越多，它留存的时间就越长。例如，关于列表学习的实验发现了一种记忆模式，即排在列表前面的若干项目比后面的项目回忆得更好。这被称为首因效应。如果允许进行更多的复述，比如放慢列表呈现的速度，那么首因效应会增强。另一方面，如果移除复述的机会，比如，要求被试在呈现列表词汇的间歇完成分心任务即倒数数字，那么首因效应就消失了。

复述可以使信息在工作记忆里留存，同时可以使信息转入长时记忆，这种重要作用对教育有很大启示。有证据显示，复述能力是在学龄前到小学阶段逐步发展的。弗拉维尔等人（Flavell et al.）的研究（1966）发现，在短时记忆任务中，儿童自发运用复述的比例5岁时为10%，7岁时为60%，10岁时达85%。不仅是复述的数量，其质量也在发展，稍大年龄的儿童和大学生使用的复述策略形式更加复杂、灵活，更多采用累积式的复述。

关于工作记忆模型，巴德利（1986，2006）和很多其他研究者将复述过程看作一种连接或语音回路，对之进行了长期的研究。这种说法印证了一些比较新的研究结果，即有意识的复述是特别针对口语信息的过程，它是对"内部声音"的连接。更为细致的研究将发展有效的连接或语音回路与阅读流畅性联系起来。这些研究发现，具有发展性阅读障碍的儿童在记忆广度方面有很大的缺陷。

多感觉表征

第二，我们必须认识到短时记忆具有多感官的特点。例如，我们都知道我们能在脑海里保留视觉影像，关于工作记忆模型的最新研究（Baddeley，1986，2006）对此做出了新的阐释，认为还有第二个系统，称为视觉空间存储。该系统存储的视觉影像可以被用来完成认知任务。正如通过多个感觉通道感知到的信息可以使信息得到强化，在工作记忆里以多种感觉通道表征信息似乎可以极大地增强信息的可记忆性。鼓励学生想出并运用视觉形象来表征他们的理解，这样的教学策略和实践对学生有很大益处，在数学和问题解决领域尤其如此。

有限容量

第三，工作记忆系统的容量有限。在一篇较早发表的论文中，米勒（Miller，1956）回顾相关研究指出，成人的短时记忆通常能保持 7 个左右的信息单元。无论是从感觉输入还是从长时记忆提取，当新的信息进入时，工作记忆中已有的某些信息就会被取代，这很容易证明。请试试下面的字母转译任务，每题都有一些字母和一个数字，看完一题后，你必须闭上眼睛，从第一个字母开始，根据题中数字在字母顺序表中数出它所对应的新字母①。依次对题中每个字母进行这样的操作，最终会生成一个新的字母系列。在你生成新的字母系列后，睁开眼睛把它们写下来，继续做下一题，直到做不出来为止。

A+6

BK+4

MJC+5

KSDP+3

RLTEN+4

FOHQGI+2

研究者早已得出结论，儿童工作记忆的容量比成人的小。例如，登普斯特（Dempster，1981）考察了不同年龄儿童和成人对随机出现的数字和字母的记忆，发现了很清晰的发展历程（见图5.2）。

---

① 例如，A＋4 意味着从 A 开始在字母顺序表里往后数 4 个字母，得到其对应的字母 E。——译者注

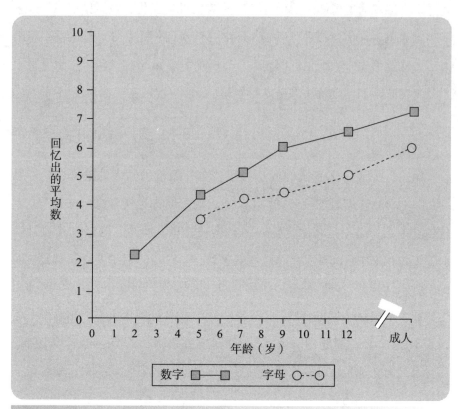

图 5.2 数字和字母记忆广度随年龄增长而扩大
来源：Dempster, 1981

　　我们将在后面讨论这种发展历程背后的原因，但此刻先看看工作记忆对多种认知活动的重要作用。儿童难以完成认知任务常常不是因为不能理解，而是因为他们的大脑未能存储足够的信息。正是由于这样的原因，儿童在尝试表达想法、阅读或尝试解答数学问题时，常常会"跑题"。

　　在这种情形下，成人的重要作用是为儿童完成任务"提供支架"，即以某种方式提示儿童，帮助他们将工作记忆里被替换掉的重要信息找回来。要理解儿童的经验，想想学开车的经历也许会有帮助。一开始，我们只感到需要同时考虑的问题太多，很可能用比规定时间长很多的时间才能完成在驾车行进中的换挡动作。对刚开始接受早期教育的幼儿来说，类似情形是常态。

初学者要逐步学会对与复杂任务相关的大量信息进行加工处理。这些复杂任务如发表观点、阅读、解决数学问题、开车等。这种发展机制具有很重要的教育启示。面对图 5.2 呈现的数据，心理学家最初提出的观点是，儿童的工作记忆容量较小，会慢慢增大（就像他们的胳膊和腿那样）。然而，随后的研究指出，成人看似较大的工作记忆容量是三方面发展的结果，这些发展使他们对固定容量的工作记忆的运用更加有效。第一个相关的发展方面是成人执行记忆过程的速度加快或"自动化"程度高，这与大脑功能的其他方面一样，是练习的结果。教育者很容易认识到这一点，但却不太能改变它。教育者可能对另外两个相关的发展方面更感兴趣，即随着年龄增长，我们的知识库会逐渐扩大，我们对自己认知过程的意识和控制会逐渐增强。

知识库

在一项很棒的实验中，奇（Chi，1978）显示知识而非年龄决定着特定领域的记忆能力。她请 10 岁的孩子和成人回忆一系列数字，并回忆国际象棋棋盘上棋子的位置。同预想一样，成人对数字的回忆好于孩子。但令人吃惊的是，在象棋方面结果却完全相反。对结果的解释是，参加实验的孩子常常下棋，而成人却不是。这表明，专门知识的增多对记忆有诸多帮助，我们在后面关于长时记忆的讨论中还会谈及这个问题。奇的实验似乎展现了"组块"现象。这个过程是这样的，当我们成为某个领域的专家，对该领域有更多了解时，我们不仅会轻松地获取更多信息，而且会对信息进行组织。由大量单个信息组织而成的信息组会成为一个信息单元。下面的记忆任务可以解释这一点。试着记住每组的 12 个数字或字母，每组看 3 秒就盖上，然后写出来。

9 5 8 2 3 5 4 1 6 7 0 3

1 0 6 6 1 9 4 5 2 0 0 1

1 2 3 4 5 6 7 8 9 1 0 1

q g u d x v n y r p l a

c a t d o g l e g a r m

a b c d e f g h i j k l

很明显，包含着你熟悉的结构的数字或字母序列比那些你不熟悉的更容易记，因为你可以通过有意义的"组块"来记住信息，这会减轻工作记忆的负担。在奇的实验中，儿童棋手能够通过"组块"来记忆棋子的组织结构。

我们需要认识到，儿童在很多知识领域相对缺乏经验，因此在大多数情况下，看似简单的任务也可能给他们的工作记忆带来很大的负荷。这是为什么儿童在熟悉的情境中更容易掌握新教的技能和策略、完成新任务的原因。

元认知监控和策略性控制

提高对自己记忆能力的自我意识，并在此基础上发展和运用相关策略，这样有助于使有限的工作记忆容量得到更有效的利用。这种为学习和执行较复杂认知任务而发展起来的"元认知"能力首先由弗拉维尔等人（1966）在研究"复述"时发现。他们想探讨的问题是，幼儿不复述是因为他们不具备这种能力，还是因为他们没意识到这是一种有用的策略。他们用一个简单的记忆任务，让5岁幼儿记住一些图片，并尝试教幼儿复述。这些幼儿完全能够复述，其表现与较年长儿童一样好。然而，接下来请他们完成另一项类似任务时，约一半幼儿回到自己最初的方式，没有用复述，也没能记住。

这一研究引发了关于儿童"元记忆"发展的大量研究，这些研究探讨儿童如何发展对自己记忆能力的意识，如何建构和运用越来越复杂的策略，以及二者的相互关系。很多研究证明儿童缺乏自我意识。例如，韦尔曼（Wellman，1977）考察了"话到嘴边"现象，结果显示，对于自己知道但一时说不出来的情况，儿童的判断不如成人那么准确。伊斯托明纳（Istomina，1975）通过一项特别的记忆任务揭示了幼儿自我意识的发生过程。在游戏场景中，研究者要求幼儿到"商店"去买5样事先商定的东西，以便为茶话会做准备。瓦莱里克（Valerik）展现了3岁儿童的典型行为。当研究者请他去商店时，他的表现如下。

瓦莱里克，很明显对这一要求很感兴趣，头快速转向商店方向，拿起篮子。"好。"他没等实验者说完就跑开了。

在商店里，他好奇地查看货架上的所有货品。当售货员（实验助手）问他："他们让你来买什么？"瓦莱里克对着玩具点点头，然后说："糖果。"

"还有呢？"售货员问。

瓦莱里克有些紧张地四下张望，皱起眉头……"我可以当售货员吗？"他问道。

4岁时，一些初级策略开始出现。

艾戈尔（Igor）……耐心地听要求，带着慎重的表情聚精会神地盯着实验者，然后他跑开，甚至忘了拿篮子。"给我面条、一个球、黄油，就这些。"他说得很快……"请快一点，孩子们很饿。"

艾戈尔知道他需要聚精会神地听，然后他冲出去执行任务，这都表明他对自己的记忆能力及其局限有一些意识。伊斯托明纳发现，儿童到5岁时通常能开始复述并对遗忘有所了解。

塞里沙（Serezha）很注意地听实验者读单子上的每件东西，并低声重复。他回忆起4样东西，忘了第五个。他有些困惑地看看实验者，又一次背出那些词。"还有一样东西我要买，但我忘了是什么。"他说。

当然，如果我们不知道我们没记住或没理解，我们就不会想到我们需要换一种方式来完成任务。对行为的自我监控对我们成为更有效的学习者非常重要。这方面有一种很常见的经验，即你突然意识到你在"读"一篇文章但却一点都没理解。你读这一章时是这样吗？我希望这不会发生。但是如果发生了，我相信你会意识到，并且会为此做点什么。

因此，鼓励儿童对自己在任务中的表现进行自我监控，这对发展他们的学习能力有巨大帮助。可以要求孩子们预计他们面对任务会怎样做，也可以教给他们如下策略。

- 复述和累积复述（cumulative rehearsal）。
- 使用视觉形象。
- 使规定性的信息变得有意义，以便进行组块记忆。例如，通过"约克的理查德挑战无效"（Richard of York Gave Battle in Vain）来按顺序记忆彩虹的颜色；通过"大象不理解小象"（Big Elephants Can't Understand Small Elephants）记住"because"的拼写，等等。
- 通过生成多种可能性把回忆转化为再认，例如按字母顺序记忆。
- 回想最初遇到需要记忆的事物的场景。

这里绝不可能列尽所有策略，人脑建构广泛而多样策略的能力令人称奇，每种策略的成功都有赖于记忆系统的某个结构特征。随着儿童对自己记忆和学习方式的自我意识逐渐增强，他们越来越善于生成自己的策略，并使这些策略与特定的任务更好地匹配起来。尼斯比特和舒克史密斯（Nisbet and Shucksmith，1986）和其他研究者一样，也发现可以教幼儿策略，并且幼儿会采用那些与成功表现有明显联系的策略。成人对策略的清晰讨论和示范可以有效地鼓励儿童尝试各种记忆策略。还有研究表明，一旦儿童能成功使用一种记忆策略，那么他们就更有可能在其他场合运用这种策略。就是通过这样的过程，儿童逐渐学会真正独立地学习并自我调节。

奥恩斯坦和同事（Ornstein et al.，2010）曾经做过一系列的研究，探讨鼓励和支持儿童记忆能力发展的教学实践。例如，一项研究显示，一年级教师的谈话中，与记忆相关的谈话的比例通常很低，只有0—12%。这种谈话包括对记忆策略提出建议，提出与元认知有关的问题，如让孩子建议可以采用哪些策略，或请他们判断自己尝试的记忆方法是否有效。研究者还考察了这种记忆谈话与记忆要求同时出现的情况（如要求孩子回忆时提醒他们有哪些回忆策略）。结果发现这样的做法相对较少，但是教师之间的差异比较大。他们发现，教师做法上的这些差异不仅使当时儿童使用记忆策略的情况有所差异，而且这种差异一直到四年级仍有表现。

这项研究是在我们所说的儿童早期教育阶段的最后一年（美国的一年级，英国的二年级）进行的。然而，我们从其他研究，比如伊斯托明纳的研究中可以知道，比这个年龄小很多的孩子已能够很好地执行简单的记忆策略。问题的关键在于个体差异，有些孩子自然地发展出策略而另一些则不（我们在第七章还会讨论）。所以，对于3岁左右的孩子，在他们需要记忆（如画画的步骤、他们在哪里丢了东西、明天要带什么东西到幼儿园等）的时候，就如何记忆给他们一些示范、建议、支持，这会有巨大的益处。

长时记忆

后续研究对阿特金森和谢夫林关于长时存储的最初概念也进行了修正和补充。目前被广为接受的模型是塔尔文（Tulving，1985）最早提出的，他认为长时记忆有3个成分：程序记忆、事件记忆、语义记忆。这方面的证据主要来自对健忘症患者的研究，这些患者由于不同的环境或因素，丧失了某些类型的记忆。

3种长时记忆分别依赖不同类型的表征，存储不同类型的知识。有趣的是，这些表征形式与布鲁纳（1974）关于学习发展的著名模型中的表征形式相似。他的模型强调运用不同表征形式对智力发展的重要作用。

- "动作的"：对动作的记忆。
- "肖像的"：未被重构的感知记忆、视觉形象、声音和气味等。
- "符号的"：对被转化为符号编码（语言/数学等）的经验的记忆、想法、观点和概念等。

这些表征形式越来越能被我们的意识所了解，它们也越来越灵活。程序记忆有赖于动作表征，事件记忆有赖于肖像（主要是视觉）表征，语义记忆有赖于符号（主要是口语）表征。关于人类大脑进化的研究显示，这些表征形式及相应的记忆系统是按上述顺序逐一出现的（这与关于情绪发展那一章的图 2.1 所示的人脑 3 个区域的发展相关）。其结果也许是，3 种表征形式虽彼此联系，但比较初级的动作/程序记忆和肖像/事件记忆似乎对符号/语义记忆有支持作用，反之则不然。

程序记忆

程序记忆是关于如何采取行动的知识库，比如，用勺子把食物送进嘴里、系扣子、跳跃、骑自行车、用铅笔写字、击球。关于如何做这些事的记忆或知识是以动作的方式存储的，不能以有意识的语言来提取。

当然，我们可以用语言描述我们的身体动作，但这样做不一定能改善动作质量，提高动作的有效性。例如，我读了无数关于如何打好高尔夫球的描述，但我只能通过练习才能改善我的球技；当我打出一个好球时，我可以记住好的击球是怎样的身体感觉，而不是怎样用语言来描述。

相反，一些证据显示，借助动作来对口语信息进行编码可以取得非常好的记忆效果。例如拼写，有人说"拼写在手中"，很多人有这样的经历，当我们一时忘记如何拼出一个单词时（即不能提取它的符号表征），用手写一写会有所帮助。很多证据显示，让儿童将新的信息与动作联系起来会很有帮助。比如，通过整个胳膊的运动在空中或在沙子上画出字母和数字的轮廓，或将需要记忆的单词和歌曲与几个连续的动作联系起来。

事件记忆

事件记忆似乎是对我们的经历进行详细记录的一个系统。尽管这方面最明显的可能是视觉记录，但它包括从所有感官输入的信息。这些记忆被记录的方式有一定的指示性，我们必须按照它们当初发生的顺序进行回忆，才能找到特定的记忆。比如，我们想不起来钥匙、眼镜、钱包或其他东西放在哪里时，从我们确切记得那样东西的那一刻开始"回放"当天的记忆，可能也经常是有效的，这就像在脑子回放关于我们经历的录像带。

事件记忆的固定性和"肖像化"有其局限，但它却是人类长时记忆的一个重要方面。研究表明，即便是成年人，学习的所有东西都与初次体验这些东西时的特定情境和事件相联系（Conway et al., 1997）。人们普遍有着这样的经验，重访一个我们很久没去过的地方，或周围出现的某种熟悉的气味或声音，会诱发我们对与它们相关的特定事件的记忆（这之前我们往往回忆不起这些事）。

为此，回忆我们当初学习或遇到某信息的情境也许是回忆该信息的最有效方式。这是我们可以教给学生的一种技巧。我们还可以通过其他方式发挥事件记忆的重要作用。重要的文化信息主要是通过故事、神话、传说等非文字形式来传播。有经验的早期教育工作者都知道，对幼儿来说，通过事例、故事、戏剧等方式呈现新的信息会很有帮助。把一个历史事件表演出来，将读音规则转化为一个小故事，参观消防队等，这些活动不仅可以激发儿童的学习动机，而且可以通过事件记忆来帮助儿童学习和记忆。我最近想起关于化学方程式的一个非常有效的记忆方法——那是我在准备研究生考试的时候想出来的——就是把它们变成故事。比如，光合作用可以变成碳先生和氢小姐之间的爱情故事，他们遇见便永远在一起，他们彼此相爱，发出了愉悦的声音："O! O! Oxygen!"（哦，哦，氧气）

语义记忆

语义记忆是最后进化出的人类特有的长时记忆，它有赖于我们的符号表征技能，后者主要表现为语用能力的发展。这部分记忆的不是特定的情节或事件，而是我们从特定经验中推导出的观点、想法、规则、原理、概念等。与长时记忆的另外两种系统相比，语义记忆是对我们关于世界的内部模型进行组织和再组织，因而受到更多的重构。随着我们获得的经验增多，我们会对经验重新分类，会创造新的连接，会发现、建构、发展新的分类系统和意义网络。

在这个系统中，决定我们对一条信息记得怎样、是否容易回忆的因素，是该信息能否嵌入我们的语义结构，在语义结构中与其他信息有怎样的联系，以及在语义结构中能得到多详尽的阐释等。神经科学的研究显示，这包括两个成分：连接的强度和连接的广度。

连接的强度

早在 1949 年，心理学家赫布（D. O. Hebb）就提出，学习是要在大脑皮质神经元之间形成连接。当若干神经元一起"发光"时，它们就形成了连接；它们一起"发光"的次数越多，它们之间的连接就越强。这一理论模型已被随后的神经科学研究证实。重复激活可以导致电化学机制的长期增强效应，由此增加连接的强度。

这对解释"日积月累"的黄金学习法则很有帮助。如果你想学习某样东西，每天 10 分钟比每周一小时更有效，因为前者要求学习者分多次重复输入信息，这可以增强神经元的连接。这在一定程度上可以解释一种现象，即在给儿童介绍新的信息或观点后，为了使之转入长时记忆，立即要求儿童复述他们新学的知识，这种教学法往往非常有效。在儿童学习一些新信息后，立即检测其回忆情况，这对长期保持信息的效果好于不要求立即回忆的情况。

连接的广度

在增强已有连接的同时，学习还要不断形成新的连接。当我们能够将新的信息或观点与我们已有的信息或观点联系起来时，我们就会体验到新信息的意义。我们能够形成的连接越多，我们对新信息的理解就越多，我们也就越容易记住它。为了显示这一过程，请试试记住下面 3 个单词，每个单词均由 14 个字母组成。看 5 秒，然后盖住，试着把写出来。

Constantinople   Gwrzcwydactlmp   Χουοταυτιυοπλξ

当然，你会发现第一个单词相对容易，第二个困难一些，第三个（除非你会希腊语）完全不可能。很明显，这关系到你在多大程度上能将这些信息与你原有的知识联系起来。第一个单词在多个层面（词义、语音、字母等）与你的已知信息有明显联系，而其他两个单词要与已知信息联系起来却很困难。

关于知识、意义与记忆的重要关系，奇和凯斯克（Chi and Koeske）提供了一个很有意思的例子（1983），他们对一位 5 岁的"恐龙专家"进行研究。这个特别的男孩有 9 本关于恐龙的书，能说出 40 种恐龙的名字。研究者分 6 次请他回忆他所知道的恐龙名称，并观察哪些线索对他识别恐龙最有帮助，据此绘制出图 5.3，反映其关于恐龙知识的语义网络表征。在回忆任务中，研究者提示他回忆他容易放在一起记的恐龙，以及具有某些共同特征的恐龙。就像研究者假设的，在随后的回忆测验中，男孩记得最好的是那些与其他恐龙有很多联系的恐龙，他容易遗忘的是与其他恐龙联系最少的恐龙。

克雷克和洛克哈特（Craik and Lockhart，1972）提出一个记忆模型，强调它与知识、意义、理解的紧密联系。在这个被称为"加工水平"的模型中，他们指出，新的信息被加工得越"深入"，则越容易被记住。他们所谓的"深加工"是指与已有的知识和语义网络联系起来。例如，如果给

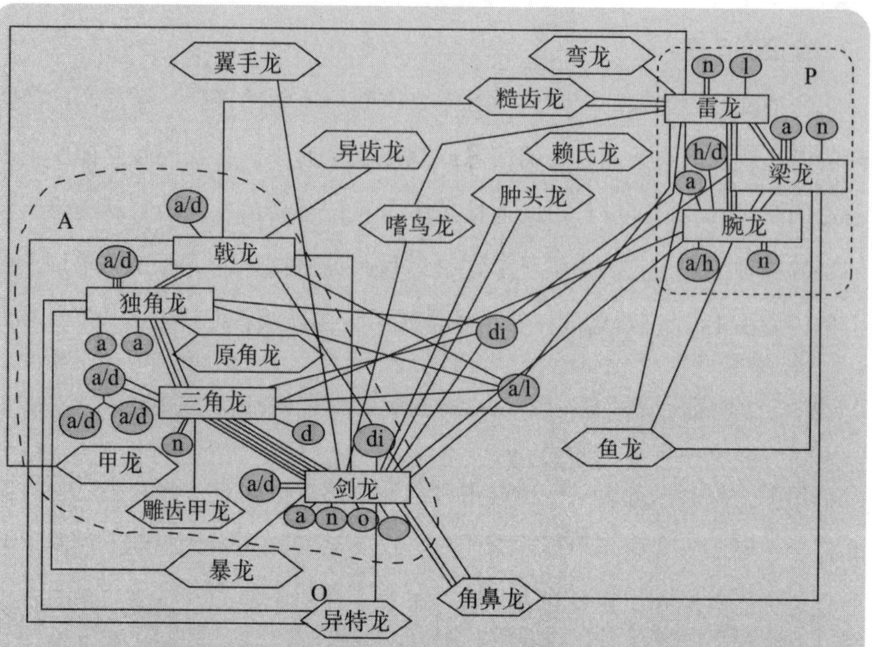

A组恐龙是装甲龙，P组恐龙是大型植食龙。恐龙之间的多根连线表明它们有非常近的联系。与恐龙名称连接的小写字母表示这种恐龙的已知特性：a=外表；d=防御机制；di=饮食；n=昵称；h=生活习性；l=运动。

图5.3　5岁儿童恐龙知识的语义表征网络

来源：Chi and Koeske，1983

我们一个单词表，一种要求是我们说出它们是否是大写字母，或者是不是与"lemon"的发音和韵（只要求对单词的外形和读音进行表面加工），另一种要求是说出它们是不是动物，或是不是厨房用品（需要对单词的意思深入加工），那么前者的记忆会少于后者。

　　关于语义记忆加工的研究对有效教学有诸多重要启示。首先，这清楚地说明为什么帮助儿童将新信息或观点与他们已知的东西联系起来是很重要的。我们知道，儿童从已有知识中搜寻有助于形成联系的东西，不如成人那么有效；我们需要建构一些策略来帮助和鼓励他们这样做。在向儿童介绍新的事物时，比较有帮助的做法是提醒他们，或者最好通过精心设计的提问促使他们自己回忆与该新事物相关的已有知识。

其次，在向儿童呈现新的信息或观点时，要求他们用这些信息或观点做点什么和让他们被动接受，两者效果会非常不同。为此，豪（Howe，1999）曾就智力活动的重要性做出很有说服力的阐述。要求孩子用多种媒介（谈话、写作、绘画、造型等）重新表达新的观点，或请他们创造性地使用新的信息，或利用新的信息解决问题，所有这些过程都会促使他们广泛建立联系，重组他们的语义网络。这一过程必然包含新的学习。当然，正如我们在前面章节讨论过的，这些重要因素在儿童投身于特定类型的游戏时会自发展现。

本章小结

本章回顾了心理学家和神经科学家的大量研究证据，以帮助我们理解人类记忆的结构和发展，及儿童学习和理解周围世界的方式。这些研究可以为早期教育工作者帮助儿童更有效地记忆和理解提供一些清晰的指导。

- 让活动有目标并与儿童个人经验相关，以吸引儿童注意。
- 采用多感官参与的方式开展活动。
- 将新的任务设置在熟悉的情境中。
- 鼓励和促进儿童对自己是否记住进行自我监控。
- 当儿童需要记忆的时候，通过直接的讨论和示范鼓励他们尝试多种不同的记忆策略。
- 将信息与动作联系起来。
- 将新的信息置于一个事件、故事或戏剧的情境中。
- 要求儿童复述他们新学的知识。
- 帮助儿童将新的信息或观点与他们的已知知识联系起来。
- 要求儿童对新的观点或信息进行智力加工，通过谈话、写作、绘画、造型、游戏等情境重新表达，以使新的观点或信息更容易被记住。

这些观点看起来通俗易懂，但它们对早期教育的教学设计和组织有深远的意义。有经验的早期教育工作者对上述观点进行了富有想象力的应用。他们能够帮助儿童发展相应能力来记忆、学习，理解在教育场所内外遇到的源源不断的新观点、新信息、新技能。

 问题讨论

- 为什么一些儿童比其他儿童更擅长记忆？
- 我们做什么可以更便于有记忆困难的儿童记住某些活动？
- 儿童认为哪类活动和事件更容易记住？
- 作为成年人，当我意识到我难以记住一些事时，我能做什么？

 观察活动

1. 记忆策略

在真实的情境中，儿童有时能使用策略。如果无真实情境，他们则不能有意识地使用策略，需要教师创建一个真正需要记忆的情境，比如：娃娃家在准备晚餐会，超市在屋子另一端；给一个老师捎信；让儿童过一会儿提醒你一些对他们来说很重要的事。作为对照，你需要让儿童记忆其他一些类似的东西，但这些东西不是为了特定目的而记，只是你随后会问他们记住了多少。

你要仔细观察儿童对这些情境的反应，特别注意他们使用策略来帮助记忆的迹象：在遗忘之前快速行动，复述，对要记的东西建立联系或详细阐释。你要记录他们每个阶段说的话，记录他们记住多少及他们是否意识到自己忘了什么。之后和儿童谈话，说说他们在记忆任务中表现怎样。

2. 元记忆

儿童关于自己记忆能力、记忆策略以及不同记忆任务难或易的认识都在发展。为了考察这一点，你需要准备 20 件物品，放在一个盘子里。

有些物品是儿童熟悉的， 有些则是不熟悉的。 这些物品可以分为 3—5 类， 然后对儿童进行个别访谈， 仔细记录他们的回答。 下面是 3 项访谈内容。

一是自己的能力。 20 件物品随意放置于盘中， 用布覆盖， 问儿童： 如果让你们看 30 秒， 你们估计自己能记住几样东西？ 在他们看的时候， 你可以记下他们使用的策略， 再记录他们实际记住多少。

二是策略。 问儿童： 怎样做有助于记住这些东西？

三是记忆任务。 问儿童： 怎样做可以使记忆 20 件物品的任务容易一些？ 记录儿童想出的方法。 如果他们没说多少， 可以提供一些建议 （ 换一种摆放方式、 减少物品数量、 给更多时间、 选择比较熟悉的物品等 ）， 看他们如何反应。

参考文献

Atkinson, R. C. and Shiffrin, R. M. (1968) 'Human memory: a proposed system and its control processes', in K. W. Spence and J. T. Spence (eds) *The Psychology of Learning and Motivation*, *Vol. 2*. London: Academic Press.

Baddeley, A. D. (1986) *Working Memory*. Oxford: Oxford University Press.

Baddeley, A. D. (2006) 'Working memory: an overview', in S. J. Pickering (ed.) *Working Memory and Education*. London: Academic Press.

Baddeley, A. D. and Hitch, G. (1974) 'Working memory', in G. H. Bower (ed.) *The Psychology of Learning and Motivation*, *Vol. 8*. London: Academic Press.

Bauer, P. J. (2002) 'Early memory development', in U. Goswami (ed.) *Blackwell Handbook of Childhood Cognitive Development*. Oxford: Blackwell.

Bruner, J. S. (1974) 'The growth of representational processes in childhood', in *Beyond the Information Given*. London: George Allen & Unwin.

Chi, M. T. H. (1978) 'Knowledge structures and memory development', in R. S. Siegler, (ed.) *Children's Thinking: What Develops*? Hillsdale, NJ: Lawrence Erlbaum.

Chi, M. T. H. and Koeske, R. D. (1983) 'Network representation of a child's dinosaur knowledge', *Developmental Psychology*, 19, 29–39.

Conway, M. A. , Gardiner, J. M. , Perfect, T. J. , Anderson, S. J. and Cohen, G. M. (1997) 'Changes in memory awareness during learning: the acquisition of knowledge by psychology undergraduates', *Journal of Experimental Psychology*, 126 (General), 393–413.

Craik, F. I. M. and Lockhart, R. S. (1972) 'Levels of processing: a framework for memory research', *Journal of Verbal Learning and Verbal Behaviour*, 11, 671–84.

Dempster, F. N. (1981) 'Memory span: sources of individual and developmental differences', *Psychological Bulletin*, 89, 63–100.

Flavell, J. H. , Beach, D. R. and Chinsky, J. M. (1966) 'Spontaneous verbal rehearsal in a memory task as a function of age', *Child Development*, 37, 283–99.

Hagen, J. W. and Hale, G. A. (1973) 'The development of attention in children', in A. D. Pick (ed.) *Minnesota Symposium on Child Psychology*, *Vol. 7*. Minneapolis, MN: University of Minnesota Press.

Hebb, D. O. (1949) *The Organisation of Behaviour*. New York: Wiley.

Howe, M. J. A. (1999) A *Teacher's Guide to the Psychology of Learning*, 2nd edn. Oxford: Blackwell.

Istomina, Z. M. (1975) 'The development of voluntary memory in pre-school-age children', *Soviet Psychology*, 13, 5–64.

Miller, G. A. (1956) 'The magical number seven, plus or minus two: some limits on our capacity for processing information', *Psychological Review*, 63, 81–97.

Nisbet, J. and Shucksmith, J. (1986) *Learning Strategies*. London: Routledge & Kegan Paul.

Ornstein, P. A. , Grammer, J. K. and Coffman, J. L. (2010) 'Teachers' "mnemonic style" and the development of skilled memory', in H. S. Waters and W. Schneider (eds) *Metacognition*, *Strategy Use and Instruction*. New York: Guilford Press.

Tulving, E. (1985) 'How many memory systems are there?', *American Psychologist*, 40, 385–98.

Wellman, H. M. (1977) 'Tip of the tongue and feeling of knowing experiences: a developmental study of memory-mentoring', *Child Development*, 48, 13–21.

第六章　语言与学习

关键问题

- 学习的主要理论是什么？

- 人类的学习方式与其他物种，尤其是与其他灵长类动物相比有哪些不同？

- 成人的思考和学习与儿童有区别吗？

- 儿童怎样成长为一个学习者？

- 为什么有些儿童能比其他儿童更好地学习？

- 语言如何帮助我们成为更会学习的人？

- 我们如何组织教育情境以支持儿童的学习？

早期行为主义学习理论

20 世纪 60 年代晚期，我在读大学时选修过一年学习理论课程。这门课程对当时心理学家关于学习的研究进行了极其全面的介绍，几乎涵盖所有对老鼠和鸽子进行的实验，包括学会走迷宫或通过按压杠杆获得食物等。这些研究源自被称为行为主义的心理学流派。该流派有一个颇具争议的理论前提，即我们不能直接观察和测量人的大脑或心灵，因此，如果我们想科学地研究人类心理，就应该致力于观察和测量人类行为。这一心理学派在一定程度上是在反对威廉·詹姆斯（William James，作家亨利·詹姆斯的兄弟）等早期思想家的观点时产生的，后者主张通过内省过程来理解人类的心灵。

为了进行真正科学的、有严格控制的实验，研究者必须将学习缩减为非常简单的要素，抽离各种社会情境。最好用动物来做实验，因为动物好控制，可以减少喂食，使它们因为饥饿产生行为的动力，还可以对它们采用其他一些若用于儿童则完全不可接受或完全不道德（早在 20 世纪初期就如此）的实验处理。最著名的实验或许是心理学家伊凡·巴甫洛夫（Ivan Pavlov）用狗做的实验，以及斯金纳（B. F. Skinner）用老鼠和鸽子做的实验。巴甫洛夫证明，狗通过学习将铃声和食物联系在一起，最后只要铃一响狗就会分泌唾液。斯金纳证明，老鼠、鸽子等可以学会通过按压杠杆获得食物，如果让它们选择，它们可以区分不同（如形状）杠杆，学会按压正确的一个。他随后还证明，他所谓的可变间隔强化（按压正确杠杆而获得食物的情况是随机出现的，并非每次都有）比固定间隔强化（如每次按杠杆都有食物，或按 3 次就有食物）具有更强的动机作用。这与人类的赌博行为惊人的相似。想象一下，老虎机每摇 3 次就吐出你投入钱币的一半，虽然金钱付出和结果一样，但绝不会再有那么多人为了这种体验而去拉斯维加斯。同样，也许这一点对教育很重要，斯金纳还证明，对正确行为给予奖励比对错误行为进行惩罚更能有效地促进学习。斯金纳运用他的原理训练鸽子，使之能够数到 7，还学会滑轮滑（两个重大科学发现）。这些原理还是训练导盲犬的基础，并为有严重行为问题的儿童提供了高效的行为管理技术，很多早期教育工作者运用这些原理来帮助幼儿学会如何在教室这一社会环境中表现良好。如果我们在儿童对人友好或与别人分享玩具时表扬他，而不是专注于批评和惩罚他的过失，那么教室就会变得更加和谐融洽。美国近期的一项研究显示，用贴画或口头表扬方式对 400 名 4—6 岁儿童进行奖励，有可能让他们学会爱吃蔬菜（Cooke et al., 2011）。我知道，这很让人惊奇，但这是真的！

行为主义的很多核心观点已得到后续研究的验证。例如，关于学习是建立联结的观点，已得到近期神经科学研究的支持和扩展（这使我们可以直接观察人类大脑的工作方式）。然而，尽管取得了这些成就，但是行为主义还不足以解释人类学习的全部。事实上，这在 20 世纪 60 年代就已逐渐显露。戴维·伍德（David Wood，1998）在他那本关于儿童学习的精彩图书的前言里指出，当时有许多学习行为主义的年轻心理学家逐渐意识到了行为主义的局限性。那时候出版的一本重要著作（Hilgard，1964）代表了学习心理研究的转折点。伍德写到，该书有一章写了一位名叫普里布拉姆（Pribram）的年轻心理学家，他关于猴子的实验经历使他对行为主义学习理论的一个重要概念，即外部强化（如正确行为就可获得食物）产生怀疑。例如，一只猴子很快学会了拉动正确的杠杆，但随后它颠覆了整个实验，在因强化而获得花生时它没有吃，在未强化时却给自己吃花生。最终，它得到了远比他能吃的多得多的花生，脸上、手上、脚上都是，此时它还在继续拉动杠杆，最后把花生扔向笼子外的实验者。普里布拉姆得出结论，猴子的行为和学习不能用外部强化来解释，而是因为它对任务本身有"内在"兴趣。他和该书的其他一些作者一样，对瑞士心理学家皮亚杰提出的关于儿童学习的新理论给予了积极评价。

皮亚杰的建构主义学习模型

行为主义研究方法的根本问题在于它认为学习本质上是一个被动过程，包括在事件之间形成简单联结，依赖于外部奖励或强化。然而，在 20 世纪 60 年代，有一点越来越清楚，这种模式可以解释相对简单的动物如老鼠或鸽子的行为，但是不能解释灵长类动物的学习，也完全不足以解释人类学习的丰富性、多样性、创造性。因此，随着皮亚杰的著作被翻译成英文，或借由约翰·弗拉维尔（1963）的著作《让·皮亚杰的发展心理学》（*The developmental psychology of Jean Piaget*）等被英语世界的研究者所了解，皮亚杰的理论受到热捧。尽管皮亚杰理论的大部分细节目前受到质疑（下面将讨论），但他关于人类学习本质的真知灼见仍值得称道。

在方法论上，他很好地证明，通过对儿童日常生活进行自然主义的观察，可以获得很多关于儿童学习的信息（其大部分实验基于对自己孩子的观察）。在关于学习过程的理解方面，皮亚杰被视为建构主义之父，他认为儿童的学习是一个主动的过程，儿童通过这一过程试图发展自己的技能，建构自己对世界的理解。

图 6.1 是根据皮亚杰观点提出的一种人类学习模型。学习者与环境之间相互作用的各个方面都是积极的、动态的。学习者主动感知和选择所需要的信息，而不是被动接受要学习的信息。学习者不是简单地存储这些信息，还会对信息进行筛选、分类、重组，发现信息的组合模式，建构图式或概念。同样，学习者的动作或行为结果并不像行为主义者认为的那样，是对一个刺激或奖励的简单反应，而是由对世界运行方式的假设和预测及有效实现它们的策略和计划引发的。

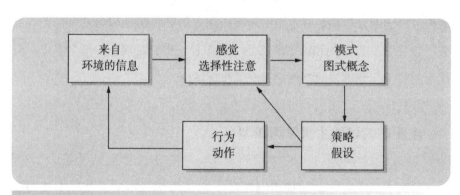

图 6.1　儿童如何学习：建构主义模型

这个例子常用于对儿童语言学习进行解释。根据行为主义的观点，这是一个艰难的过程，儿童最初学习的每个词、每句话，都要靠模仿成人、通过外部奖赏（如成人微笑）的强化才能学会。然而，很明显，儿童学会理解和使用语言的速度非常快，很难用这种理论来解释。而且，儿童还常常说出全新的句子（我家现在说的很多词和短语最初是由孩子们发明的）。

在英语里，儿童说出的很多新奇词汇和短语明显是因为他们用了自己构造的规则。例如，你会听到儿童说，昨天他"去（goed）商店买了（buyed）一些东西"①。他们不可能听过成人这样说，成人也不会教他们在句中这两个词的词尾加"ed"来表示过去时态。这是儿童从大量的日常口语经验中推理出的规则。

认知革命

皮亚杰于1896年出生在瑞士的纳沙泰尔。他辛勤工作直至1980年逝世，学术成果丰富（约50本书和500篇学术论文），学界普遍认为他给关于学习的心理学研究带来了所谓的"认知革命"。行为主义的"黑箱"心理学（认为大脑不可理解和不可观测）逐渐被越来越有创意的方法和技术所取代，这使20世纪晚期的心理学家能够更加直接地探索幼儿的大脑发展及认知过程。这些研究很多与皮亚杰的儿童发展理论相矛盾，为此人们已放弃了他的理论的一些具体内容。

我们将看到，对他研究的批评主要在于他没有考虑学习的社会性质，忽略了社会交往和语言在儿童发展学习能力中的重要作用。其结果是，在他的许多研究中，儿童之所以不能完成他设置的任务，是因为任务对语言有一定要求，或有一些可能带来误解的社会性线索，而不是儿童缺乏相应的理解。我们现在认为，这些问题使他极大地低估了儿童的能力。

最早指出皮亚杰研究局限性的研究者之一是苏格兰心理学家玛格丽特·唐纳森。在她的经典著作《儿童的心理》中，她报告了若干项研究，对皮亚杰向儿童出示任务的方式做细微变动，由此发现儿童远比皮亚杰认为的更有能力。例如，皮亚杰著名的数量守恒实验，先给儿童看两排数量相同的纽扣（见图6.2的第一部分），请他们判断白色纽扣多，还是黑色

---

① 该句原文是"goed to the shops and buyed something"，其中的go和buy是不规则动词，它们的过去时分别是went和bought，而儿童却把它们按照规则动词来运用。——译者注

纽扣多，或它们一样多。接着，实验者改变其中一排纽扣的间距（见图6.2第二部分），重复上述提问。皮亚杰发现，许多儿童能正确说出第一种情形的两排纽扣数量相同，但在第二种情形下却认为白色的纽扣更多。他由此认为儿童受感知觉支配，缺乏对数量守恒的逻辑理解。

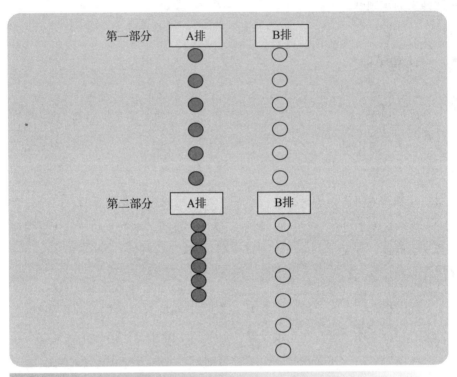

图6.2 皮亚杰的数量守恒问题

唐纳森的一位同事重新做了皮亚杰的这个实验，只是改变纽扣间距的是一个手偶——淘气泰迪熊，在这种情形下，许多儿童能说出两排数量仍然相同。

唐纳森认为，淘气泰迪熊的引入改变了第二个问题对儿童的意义。这个问题与社会情境和儿童已有的经验相关，因此他们能够理解这个问题。当成人改变纽扣排列并重复提问时，这对一些儿童来说意味着他们的第一个回答是错误的，成人在帮助他们找到正确答案。在修改后的实验中，第二个问题用于考察淘气泰迪熊的恶作剧有没有减少或增加纽扣。

我们不能把这种对任务社会背景的依赖看作儿童思维不成熟的标志，现在研究者已明确提出，成人的思维也同样依赖这种社会线索。因此，我们会觉得抽象的推理问题比置于有社会性意义的情境中的问题难得多。例如，沃森和约翰逊-莱尔德（Wason and Johnson-Laird，1972）设计了"四卡问题"（图6.3是其改良版）。a 是数字和字母任务，每张卡片一面是数字，一面是字母。你的任务是说出哪些卡片需要翻面才能确定它是否符合规则（见图中卡片下的文字说明）。b 是"喝酒的人"版本（我自己做的，绘画不太好），我们要假装在一家供应酒和茶的酒吧工作，并要确保未成年人不得饮酒的法律得以执行，每位顾客背后贴着他们的年龄。你的工作是保证没有人违反法律，例如，你必须说出你需要请 4 人中哪几个转身让你看看，确定顾客们没有违反法则。先写下你的答案，然后再往后读。看看你是否有一个典型的成人大脑！

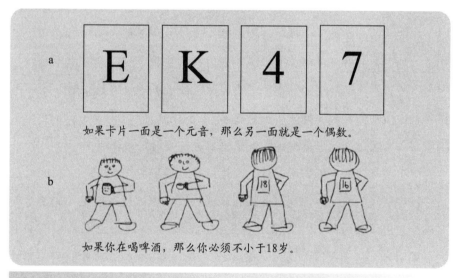

图 6.3 "四卡问题"
来源：Wason and Johnson-Laird, 1972

上半部分的正确答案是元音 E 和奇数 7，不是偶数 4。很多人会选 4，但这是错误的，因为不管另一面是元音或辅音都不违反规则。类似地，下半部分的正确答案是那个喝啤酒的人和那个 16 岁的人。许多成人（甚至足够聪明能读懂这本书的人）觉得抽象的版本 a 更难，并且常会出错，具有社会情境的版本 b 要简单得多。而从逻辑上讲，这是两个相同的问题。有意思的是，人们对任务的社会情境的依赖既与我们在前面章节讨论过的人类进化的社会起源有关，同时也是皮亚杰理论的逻辑结果，他认为我们从经验中建构自己的理解。

唐纳森、沃森、约翰逊-莱尔德及许多其他学者的研究对发展心理学家有重要意义，因为我们致力于揭示人类大脑发展的复杂性。他们的研究对早期教育工作者也有非常重要的启示。幼儿并不是在被动接受我们提供给他们的信息。他们持续地投入到对新经验及其带来的新信息的主动解释和转换过程中。如果我们要帮助幼儿理解教育给他们提供的经验，我们就必须保证把新的任务置于他们熟悉且对他们有意义的情境中。

此外，通过一系列新兴技术，如习惯化（我们在游戏那一章谈到过）、眼动跟踪、电脑建模、神经科学技术等，认知心理学家在过去 30 多年里发现了人脑学习的诸多过程。他们还发现，这些过程中有很多在出生时就在运行，或者在生命的头四五年里迅速成熟，使大脑容量增长 4 倍（主要由于大脑皮质神经元的突触连接迅速增多）。戈斯瓦米（Goswami，2008）对揭示基本学习过程的早期发展的大量研究进行了很好的总结。

出生就具备的一种学习过程是所谓的统计或归纳式的学习。我们通过这一过程从经验长河中识别出模式和规律，这在很大程度上是人类学习的基础。它可以被看作行为主义学者探讨的联结学习的复杂形式和主动形式。很明显，它支撑着人类的视觉学习方式。因为它，儿童才能快速而轻松地学习语言，从经验里抽取概念、进行分类，能够理解事物之间的因果关系。研究者运用习惯化技术发现，两个月大的婴儿可以学会一系列图形的复杂序列模式，并会对新的序列模式表现出偏爱。新的序列由同样的图形组成，只是排列顺序不同（Kirkham et al.，2002）。这种序列模式意味着一个形状接着一个形状出现的顺序是不固定的，存在着变化的可能性，这在很大程度上反映了语言的模式。令人吃惊的是，2 个月大婴儿在此方面的表现与 6 个月大的婴儿一样熟练。

我们在前面章节谈到过，关于记忆的神经科学研究发现，通过神经元相互之间建立日益增强的连接过程，语义信息存储于大脑皮层。因此，通过统计和归纳学习过程学到的模式（或规则、图式、概念，见图 6.1）在生理上似乎保存于神经元连接网络中。最近一部分被称为"联结主义模型"的研究尝试建立能承担特定方面学习的神经网络模型，有一些取得了成功。普伦基特（Plunkett，2000）回顾了这方面研究的一些核心观点和主要结论，指出有研究成功地用计算机模拟出幼儿词汇增长的典型模型。图 6.4 显示的是词汇学习的典型趋势，从图中可以看出，在持续几个月的相对平稳和稳步增长后，大约在 22 个月出现急剧增长。从事与儿童相关工作的人都知道，这种"非连续性"在儿童学习的许多领域都可以看到。普伦基特和同事们令人吃惊地构建了一种简单的可以学习词汇（即能正确说出一系列物品的名称）的神经网络，并产生了与典型的词汇发展趋势极其相似的学习模式。这似乎表明，高原期和随后的突然增长是儿童学习的一种典型趋势，这是人类大脑神经元网络按特定方式学习带来的结果。

统计或归纳的学习过程是主动从经验中建构出模式，与这种学习过程密切相关的是类比学习过程。这是一种完全主动的学习形式，也许并非人类所特有，但人类的这种学习形式比其他物种成熟得多。这是指运用从一个情境中学到或识别出的模式来理解与另一个情境有关的新的经验或新的信息。这种能力有时被称为学习的"迁移"或"概括化"，它对解释人类对新环境的适应和解决新问题的能力极为重要。如果没有类比学习的能力，自我们祖先游牧、狩猎、采集生活开始的人类文明和技术的巨大变化是不可能发生的。皮亚杰认为，类比是一个复杂的推理形式，在很晚的发展阶段才出现。一些研究者提出了与之不同的观点，认为幼儿也可以进行类比。戈斯瓦米是这些研究者中的一员。她的研究显示，4 岁儿童可以进行类比推理，这表明他们能够理解相应的基本关系。

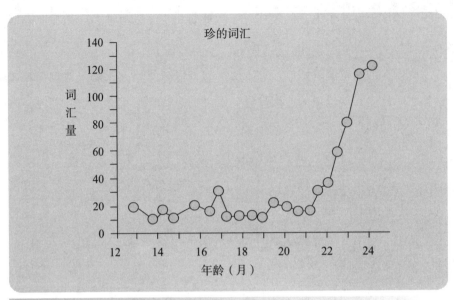

图6.4 儿童在出生后第二年里典型的词汇增长趋势
来源：Plunkett，2000，p.78

例如，给这个年龄段的孩子出示鸟和鸟窝的图片，他们会挑出狗和狗窝的照片。陈（Chen et al.，1997）更是尝试证明10—13个月大的婴儿可以进行基本的类比学习。他们的任务是学习通过一系列动作来够到一个有吸引力的玩偶（去除障碍、拉动放有绳子的床单、拉绳子使玩偶移动）。这个年龄的孩子需要成人示范基本的动作系列，但是他们一旦学会就能应用到其他类似任务中（13个月大的婴儿比10个月大的婴儿更灵活）。

社会建构主义：互相学习

在陈和同事的研究中，需要成人向儿童示范要求他们采取的动作，这揭示了人类学习的最后一个重要方面。在第三章开始部分，我们回顾了现在已广为接受的观点，即人类之所以发展成今天这样，很大程度是因为人类具有组成日渐扩大的群体的进化优势。正如我们讨论过的，这凸显出社会交往和合作技能发展的重要性。人类大脑与社会影响保持协调的倾向大于它与学习领域保持一致的倾向。

有趣的是，人类特有能力的基础是都想教别人（希望本书读者有同感）。人类互相学习的一个迷人之处在于，我们生来就会教别人，会做出能对别人特别是儿童的学习给予支持的行为。对于这一点，成人常常表现出的"妈妈语"是儿童语言学习方面的最佳例证。这还表现为，成人大多会对稍大些儿童的经验进行调节，帮助他们从自己的经验中识别模式和规律。当成人对婴幼儿说话时，通常他们的发音会更加清晰，用一种类似歌唱的嗓音，很夸张地提高音调并突出重音，运用较少的词汇，句式短小、简单，主要谈论"这里"和"现在"发生的状况，用在成人与成人对话中显得怪异甚至无礼的方式对孩子的表现进行反应（如重复孩子说的话，或将孩子说的话扩展为完整句）。没有人教我们，但我们都是这样做的。很明显，这会帮助婴幼儿发展理解语言和用语言表达的能力。

如果有人能将这种方法应用到儿童学习的其他领域，那么他就会被称为"天生的"老师。我们会发现，成人对儿童的敏感性和反应性存在个体差异，这些差异对儿童的学习有重要影响。发展心理学对与儿童学习相关的社会交往过程的研究主要考察了模仿学习（在教学情境下有赖于成人的示范）和社会交往学习（有赖于语言的运用）。

模仿学习

通过美国发展心理学家安德鲁·梅尔佐夫（第三章简要提到过）和基思·穆尔（Keith Moore）的研究（Meltzoff and Moore，1999），我们知道儿童从很小就惊人地善于通过模仿来学习。在 20 世纪 70 年代后期发表的一篇论文中，梅尔佐夫和穆尔报告说，视频资料证明 12—21 天的婴儿已能模仿脸部和手部动作（见图 6.5）。和其他进化的行为一样，人类不仅在非常小的年龄就表现出互相模仿的能力，而且大脑也进化出奖赏这种行为的机制。无论儿童还是成人，我们从模仿及被模仿中获得了巨大乐趣。模仿行为往往伴随乐趣和笑声，因此，它成为很多成人喜剧和讽刺剧及儿童游戏的基础，这绝不是偶然。

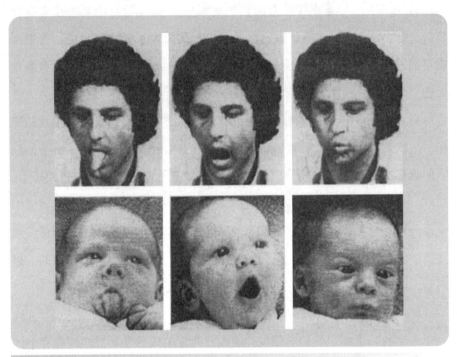

图 6.5 模仿学习

但是值得思考的是，简单的生理模仿可能代表着一项伟大的成就。一个小宝宝能够观察成人做出某项行为，然后能够认出这对应于自己身体的哪个部分，将自己尚不成熟的大脑运动区域组织起来完成与成人一样的动作。这些都表明大脑皮质在出生时已达到一定的组织化程度，这一点直到最近才得到科学研究证实。有趣的是，现在有一些强有力的证据表明，这是通过所谓的镜像神经元（mirrow neuron）系统实现的（Rizzolatti and Craighero, 2004）。当我们看别人做一个动作和我们自己做这个动作时，激活的是同样的神经元。这种系统似乎是模仿行为的基础，同时，我们在第三章讨论过，这与理解他人想法和意图、对他人情绪状态产生移情反应相关。

很明显，在学习情境中，模仿他人动作的能力对学习身体技能（如学习手工制作或进行体育训练）有巨大益处（我最近通过观看伍兹打高尔夫球学会了一种漂亮的挥杆姿势）。此外，对人类而言，无论是即时模仿（做动作的时候，被模仿的动作还可以被感知到）还是延迟模仿（在观察过一段时间后才出现），它们作为学习工具的作用都得到极大增强。延迟模仿似乎是人类特有的，很大程度有赖于我们对记忆里的物体和事件进行心理表征。令人吃惊的是，这种能力也从很小年龄就出现，并在幼儿期迅速发展。早在 20 世纪 60 年代，皮亚杰就在自己孩子身上观察到了延迟模仿（Piaget，1962），那是孩子 16—24 个月大时。在较近的一项研究中，梅尔佐夫（1988）发现 9 个月大的孩子已有延迟模仿表现。在这个年龄，儿童可以在 24 小时之后把他们看过的新动作重现出来（在给他们出示同样的玩具时）。稍后的研究显示，18 个月大的儿童可以延迟两周，而 24 个月大的儿童在 2—4 个月后表现出延迟模仿。这些研究发现对于我们理解幼儿表征能力的发展及他们在长时记忆保持心理表征的能力有巨大价值。

社会交往学习

示范和模仿是社会交往的一种简单形式。我们常常可以看到成人和婴儿互相做鬼脸和发怪声时非常快乐。婴儿所具有的惊人的与他人交往的意向和能力，以及成人与婴儿交往、解读其行动和声音意义的强烈愿望，在科尔文·特里瓦西（Colwyn Trevarthen）的著作里有很好的介绍（Trevarthen and Aitken，2001）。多年来，他对母婴交往的视频进行了细致分析，最终令人信服地提出，这些交往具有原型对话（proto-conversation）的特点，儿童在其中逐步形成通过交往或主体间性（inter-subjectivity）获得意义的能力。

交往是平静、快乐的，有赖于持续的"相互"关注和简单表达的节奏同步。这些简单表达除语音外，还包括触摸、表情、手势等。所有这些表达都是有规律地交互和轮流出现。新生儿和成人都自发地显示一种相互满意的主体间性。（Trevarthen and Aitken，2001，p. 6）

在这些早期交往事件中，形成"相互"关注显然是一个关键因素。在生命的前两年，这方面的发展表现为形成了"共享注意"的能力，即与一个成人共同注意一个外部物体或事件，它的出现最明显地表现为运用和理解手指的方向。在10—12个月时，婴儿大多能指向自己够不到但感兴趣的物体，不久之后，他们获得了按别人的指向注视相应物体的能力（9个月之前，婴儿会像大多数其他灵长类动物一样，在你指向一个物体时盯着看你的手，试试）。在生命的第二年，婴儿逐渐获得跟随成人目光来共同注意的能力。有研究发现，成人也有支持这一发展的倾向，他们会密切监控婴儿的目光，看婴儿在看哪里，基于这种注意焦点发起进一步的交往，如说出物体的名称，对它进行描述，或把它递给婴儿（Butterworth and Grover, 1988）。

关于成人—儿童交往的广泛研究表明，尽管成人普遍具有支持儿童早期交往发展的意向，但成人在敏感性和交往风格方面存在差异，这些差异与儿童学习的个体差异有关，尤其与儿童语言发展的个体差异相关。首先，大量研究显示，一两岁儿童与父母或看护人共同注意（包括一起玩耍、对话、读书）的时间总量不同，并且这与儿童语言发展的速度差异有一定相关。在共同注意的时间里，父母或看护人对儿童的敏感性和反应性存在明显差异，这也影响着语言发展。有些成人似乎更能意识到儿童手指方向和目光指向是其注意焦点，在了解儿童的注意焦点后，有些成人会以此为基础发起进一步交往，包括说话，而其他人却尝试让儿童把注意转移到他们自己感兴趣的事物上。不出所料，第一种基于儿童当前兴趣和注意的"跟随注意"策略比"转移注意"策略能更有效地支持语言发展（Schaffer, 2004）。

这些研究结果显然是早期教育工作者相当感兴趣的。支持早期语言发展本身是很重要的，因为我们都想帮儿童成为能说会道的成人。考虑到语言发展有助于儿童向读写过渡，并且现有研究已证明杰罗姆·布鲁纳提出的广为流传的说法，即语言是一种"思想工具"，支持语言发展就更为重要。关于第一个问题，特别是考虑到目前英国很强调教幼儿与意义脱离的自然拼读法（phonics），我能做的最好的事就是介绍凯瑟琳·斯诺（Catherine Snow）最近完成的一篇综述（Snow, 2006），她在这个领域研究多年，非常有名。她指出，儿童早期读写能力的两个预测因素是词汇量和语音意识。她还指出，根据我们对儿童学习的一般了解，直接教词汇或语音不会是最有效的方法。我想提出的也是这一点。我们已经看到，将新信息置于儿童正感兴趣的情境，或以真正有意义的方式呈现，会极大地促进他们的学习。当然，最好的做法是以儿童觉得有趣的方式向他们介绍书面语言符号的读音。关于这一点，斯诺用相当有力的证据（对大量研究的元分析）表明，对几乎所有儿童而言，对语音意识的注意累计达到 20 小时左右就足够（Ehri et al., 2001），支持儿童尝试在写作中以自己的方式拼写对儿童语音意识的发展的作用与显性语音课程一样有效。

语言和学习：　维果茨基的贡献

本章最后部分，我想谈一谈语言在学习中的作用问题。维果茨基的观点对这一领域有巨大影响。皮亚杰认为语言发展是儿童一般学习能力和心理表征能力发展的产物，而维果茨基的观点则恰恰相反。令我们这些从事早期教育工作的人高兴的是，现有的研究证据主要支持维果茨基的观点。

皮亚杰强调儿童与物理环境相互作用的重要性，他在教育领域的追随者认为，教师的角色应该是观察者和促进者。这种教育方式的基本观点是，对儿童进行直接指导或教学是错误的。有人提出，每当教师试图教给儿童一些东西时，他们就剥夺了儿童自己发现的机会。这种观点在一定程度是在反对行为主义的简单化模式，后者认为儿童的学习是教什么学什么，奖赏什么学什么（正如本章第一部分所述）。然而，这种观点也可以说是"倒洗澡水时把孩子也一起倒掉了"。

由维果茨基著作引发的新近研究发现，成人及其他儿童在儿童学习中有重要作用，但他们的角色并不是传递知识，而是作为一个"支架"（杰罗姆·布鲁纳等人提出的一种比喻，Wood et al.，1976），支持、鼓励、扩展儿童对意义和理解的主动建构。根据在实验室里对母亲和儿童的观察，研究者总结了"支架"的特征，对我们之前谈到过的其他一些关于早期交往的研究结论进行了验证和发展。他们指出，好的"支架"能够使儿童感兴趣，在必要时简化任务，突出任务的关键特征，示范关键流程或步骤，也许最重要的是，敏锐地监控儿童的活动过程，在儿童可以独立进行时撤回支持。显而易见，这与成人支持儿童语言学习的过程相似。

维果茨基儿童学习模型的核心思想是，所有学习都发生于能支持儿童自己建构理解的社会情境中。他指出，所有的学习首先以口头语言的形式存在于心理间层面（inter-mental），即存在于共同关注和主体间性的经验中，然后再存在于心理内层面（intra-mental），即以内部语言或思维的形式存在于儿童心理中。这被称为社会建构主义学习理论。该理论的另一个关键概念是"最近发展区"，如图 6.6 所示。维果茨基认为，面对特定的任务或问题，儿童（或其他学习者）可以在自己的水平上操作，这称为"实际发展水平"，但是，在成人或一位较有经验的同伴的支持或帮助下，儿童可以达到更高水平，这便称为"潜在发展水平"。"最近发展区"是这两种表现和理解水平之间的学习区域，它对儿童提出了真正的挑战，但在

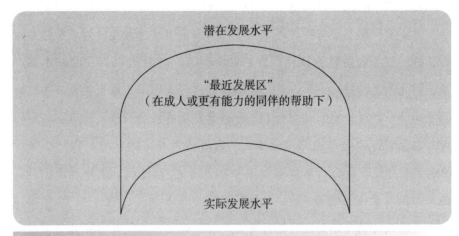

图6.6 维果茨基的"最近发展区"

适当的支持下儿童可以战胜挑战。

维果茨基及其支持者还指出，儿童在最近发展区内通过社会交往与他人一同建构新的理解时，他们的学习最有效。这一观点已得到一系列研究的支持，其中包括关于儿童的"自言自语"的研究（我们在第四章提到过，这表现为儿童对自己的活动进行自我评论）。维果茨基的观点是，这是从外部"社会性语言"向"内部语言"发展的重要过渡机制。社会性语言是在儿童与成人或同伴进行社会性交往的情境中产生的，内部语言则被我们成人用于建构和记录我们的思想。自言自语主要出现在七八岁之前，之后随着内部语言能力的形成而逐渐减少，但年龄较大儿童和成人在应对特别困难的问题时仍会出现。

如果维果茨基的理论是正确的，那么我们可以预见，自言自语可以支持儿童的思维，当要求儿童解答的问题在其最近发展区内时，他们的自言自语会达到最高峰。我们还可以预见，自言自语会提高儿童的问题解决能力。关于自言自语现象的广泛研究完全支持这两个预见（Fernyhough and Fradley，2005；Winsler and Naglieri，2003）。一个儿童的自言自语数量与任务难度水平之间构成一种倒 U 曲线，也被称为"金发姑娘"模式。任务太简单或太难都会降低自言自语水平，程度适中的挑战可以显著提高自言自语水平。同时，当面临挑战性的问题时，自言自语水平较高的儿童最能成功地解决问题。我认识的一些早期教育工作者们告诉我，他们往往不鼓励儿童自言自语。研究证据显示，我们应该做的恰恰相反。事实上，自言自语的多少是判断儿童是否在参与一项难度适中任务的最佳指标。

对学习的一般性研究也发现了关于语言发展的重要作用的证据，这使上述观点得到进一步支持。关于这个问题，杰罗姆·布鲁纳的研究有很大影响（Wood，1998）。布鲁纳把语言描述为"思想工具"，通过一系列研究显示语言能使儿童发展思维，帮助他们完成没有语言就不可能完成的任务。例如，在著名的"九杯问题"中（见图 6.7），他表明，如果儿童能描述 3×3 矩阵中的玻璃杯摆放规律（一边按高矮变化，另一边按宽窄变化），他们就能摆出新的模式（即按镜像原理摆放杯子）。如果儿童不借助相关的语言，那么他们只能完全按自己看过的模式摆放杯子。

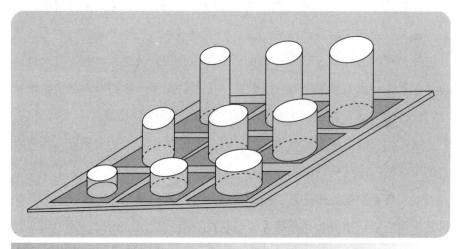

图 6.7　布鲁纳的"九杯问题"

现在人们普遍认识到，为儿童提供相关的词汇，要求他们通过讨论来厘清自己的想法，这是帮助儿童发展思维灵活性和建构他们自己对世界的认识的重要因素。早在 20 世纪 80 年代，蒂泽德和休斯（Tizard Hughes，1984）就做过一项经典的研究，被试是一些 4 岁女孩，她们上午在幼儿园，下午和母亲在家。研究发现了这些女孩通过与母亲对话进行智力探索的很多证据。很遗憾，她们与母亲一起进行的有意义的对话在其幼儿园经验中却发现得很少。最近，西尔瓦及其同事（Sylva et al.，2004）通过一项大规模的追踪研究探讨有效早期教育的影响因素，发现优质教育经验可以带来一系列的智力和个人发展成果，这种影响甚至可以弥补社会处境不利的影响。优质教育的一个关键要素似乎是成人和儿童之间"保持共同思考"的频率。

这种证据引出一种认识，即根据我们在本章已回顾的研究，成人和儿童之间的某种交往方式，以及儿童之间或儿童群体内的某种交往方式可能会给学习带来极为有益的影响。最近对课堂的一系列研究支持这一观点，并开始更加细致地确定适宜幼儿的成功的"对话"教学法的具体要素（Mercer and Littleton，2007）。例如，尼尔·默瑟（Neil Mercer）及其同事（Littleton，Mercer et al.，2005）已经在儿童的讨论中确定了3种不同性质的谈话，分别是争论（徒劳的分歧）、补充（就已说过的话增加不太重要的内容）、探讨（主动地参与对观点的讨论，用解释、辩解、提出多种可能性等支持自己的观点或反对某种主张）。他们还进一步发展了"共同思考"的方法，通过一系列的任务来帮助儿童发展在小组中进行探讨的能力，包括帮助儿童通过协商建构他们自己的"谈话规则"，并运用这些规则帮助他们建构卓有成效的共同活动。有趣的是，这项研究以及豪和其同事的研究（Howe et al.，2007）发现的一个关键因素是，小组内的儿童必须要努力通过讨论就问题的解决方案达成共识。真正达成的共识的重要性似乎不如为此做出努力的过程更为重要。利特尔顿和默瑟等人（Littleton and Mercer et al.，2005）发现，儿童陈述观点和对观点进行论证的能力可以取得明显提升，他们的语言和非语言推理技能都能获得无法估量的收益。

最近，我和尼尔·默瑟在一年级的教室里对五六岁的儿童进行了一项研究，我们发现这种方法也可以鼓励儿童自我调节，这既有教师观测结果为证（更多的信息请看第七章），也可以从他们反思和讨论自己在特定任务上表现的能力中看出来。最近在美国新英格兰进行了一项对120名学步儿的实验（Vallotton and Ayoub，2011），该研究令人兴奋地发现，儿童14个月、24个月、36个月时的词汇量（他们将之与一般的健谈区分开）与其自我调节行为（如能专注于任务、应对任务和程序的改变）之间存在相关性。这整个领域的研究显示，早期教育工作者的根本目标必须是扩展儿童的语言知识和技能，因为众多证据都在强调这一发展领域对学习的广泛影响。对现代早期教育课堂而言，"沉默不是金"。

本章小结

我们已看到，发展心理学家对学习进行了探索，这使我们越来越意识到，人类自出生开始就在学习，这些学习以广泛而极具力量的方式进行着。皮亚杰首先提出儿童的学习是积极主动的过程，这在今天已普遍为人所接受。但其发展理论的一些具体内容认为儿童的推理能力存在逻辑缺陷，已在很大程度上被摒弃。玛格丽特·唐纳森（1978）和其他研究者证明，在脱离有意义的情境时，大人也会犯和儿童一样的逻辑错误，会对同样的推理问题感到困难（菲利普·沃森的"四卡问题"已充分表明这一点）。在当代发展心理学中，儿童学习的局限主要源于他们缺少经验和知识积累，这使他们难以看出新情境中的联系，难以找到解决问题的最好办法。然而，如果能在一定的情境中出示任务，使儿童能看出这些联系，那么儿童的学习潜力会显现，并超出哪怕是最新研究能给我们带来的预期。如果读者对关于婴儿能力的最新研究感兴趣，我强烈推荐蒂法尼·菲尔德（Tiffany Field）的《令人惊异的婴儿》（*The Amazing Infant*，2007），或艾莉森·戈普尼克（Alison Gopnik）在这个领域的优秀著作（Gopnik，2009；Gopnik et al.，1999）。如果你想知道一个 3 岁的孩子在获得爱、支持和机会时能做什么，请点击 www2. choralnet. org/268945. html。我保证，那非常棒！

关于"儿童学习者"的最新观点是，儿童天生就有学习的愿望和能力，学习本质上是积极主动的过程，包括统计和归纳学习，类比学习，通过与成人或较成熟同伴的社会交往来模仿学习，通过使用语言形成心理表征来学习。

我们还看到，关于成人在支持儿童学习方面的作用，早期的行为主义观点（政治家很喜欢）认为儿童只是教什么就学什么，随后转变为皮亚杰提出的完全相反的观点，认为儿童必须自己学习，成人参与只会造成干扰。我们已看到，最新的观点已得到大量研究支持，其内容更加精确和详细。成人（和同伴）在支持儿童学习中发挥着重要作用，但不是作为指导者，而是作为促进者和调节者，像一位经验丰富的导游那样，引导儿童领略学习世界里重要的美丽风光，指引他们特别注意关键性的文化标志。作为早期教育工作者，本章所回顾的发展心理学研究证据可以为我们提供明确的原则，指导我们的实践。

- 儿童会对贴画和口头表扬等外部奖励有所反应，但这些做法反映了对儿童学习的狭窄认识，会鼓励儿童形成被动和依赖的学习方式，也许是最不利于处理儿童反社会行为、增进其亲社会行为的一种手段；口头表扬亲社会行为比批评不良行为更有效。

- 儿童是积极主动的学习者，具有很强的动力去了解和理解他们的世界；为儿童提供的活动要放在对他们有意义、与他们当前兴趣和关注焦点相关的情境中，这才是对他们学习的最好支持。

- 从很小的时候，或许只有几周大时，人类大脑的许多学习过程就已准备就绪，包括从经验中识别模式和规律，模仿成人和较年长同伴的行为。

- 在人生的第一到两年，对模式和规律的学习使儿童能通过类比来理解新的经验，延迟模仿成为儿童学习的一个重要组成部分。

- 与成人和同伴的社会交往会支持上述学习。在生命的最初几周，婴儿就在与成人进行"原型对话"。在生命的最初几年里，儿童与成人有很多"共同关注"（joint attention），这是对儿童理解其经验的有力支持。如果成人能对儿童的注意焦点做出回应并加以扩展，而不是试图将他们的注意引向预定目标，那么共同关注可以带来更多的学习收益。

- "共同关注"对儿童语言发展有支持作用。成人通过"妈妈语"帮助儿童识别语言规律，发展他们的语音意识和听说能力，扩展词汇量。随后，这些能力将帮助儿童进行早期的读写学习。

- 语言是一种强有力的"思想工具"。儿童与成人及同伴进行有意义对话的经验可以有力地支持他们发展以语言为学习工具的能力。在学习情境中，成人可以通过略微高于儿童现有能力的任务或活动，有目的地给儿童提供"支架"。在对话情境中使用的社会性语言随后会以"自言自语"的形式被儿童运用，儿童借助它们能独立完成相同或相似的任务。

- 儿童可以学习在没有成人帮助的情况下与同伴进行富有成效的"探讨"式交谈，前提是为他们提供机会与同伴协商建立"谈话规则"并对这些规则进行反思，为他们提供恰当组织的、需要合作完成的问题解决任务，鼓励他们展开真正的讨论，通过争辩、解释等表达自己的观点。

 问题讨论

- 当儿童成功完成一项任务时，我们应该表扬，还是要求他们说明自己是怎样做到的？

- 我们如何帮助儿童理解一项新活动或我们所介绍的一个新知识领域的重要之处？

- 我们怎样确保每天都能花时间卓有成效地与儿童进行广泛的讨论？

- 教儿童自然拼读法是在支持他们语言和读写能力发展吗？

观察和讨论活动

1. 和儿童交谈

用磁带记录与个别儿童的对话，每个儿童至少两到三分钟。在一些对话里，预先决定你想"教"儿童什么，并想出一些提问来检验他们的理解。另一些对话中，让儿童确定讨论话题，听他们在说什么，试着帮助他们说出更多的经验和想法， 与儿童分享你自己的经验和想法。

可以通过共读一本故事书、 共同参与一项活动 （ 如一起捏泥、 玩建构玩具等 ） 来引发这些对话。 对话结束后， 听对话， 回答以下问题。

- 对话双方谁说得多？
- 这是一个我们都在高兴地分享想法和经验的真正对话， 还是一个儿童只说单音节词的简单问答？
- 我帮助儿童扩展词汇了吗？
- 我在帮助儿童发展对叙述进行解释或对观点进行论证的能力吗？
- 我有没有感到对儿童有了更多了解， 比以前更理解他/她的兴趣和困惑？
- 我是否知道下次怎样做才能更好？

2. 自言自语

观察 （ 理想情况下录像 ） 正在进行建构游戏或想象游戏的单个儿童， 留意他们不直接指向任何人的 "自言自语"。 看看你能不能找到下面的例子。

- 计划： 说他们打算做什么， 或接下来需要做什么， 或他们想取得什么结果。
- 监控： 说发生了什么或他们在做什么。
- 指导： 告诉自己当前活动怎样进行。
- 评估： 说他们的活动进行得怎样， 或他们多么擅长做这些事。
- 声音和词语游戏： 一边活动一边哼唱、 发声或感叹。
- 听不清在说什么。

你是否注意到， 有些儿童比其他儿童有更多这样的自言自语？或者， 儿童参与某些活动时比参与其他活动时有更多的自言自语？

3. 支持 "探讨"

要发展儿童自己组织有效讨论的能力， 最好从一些准备性的活动开始。 儿童不可能有效地讨论他们没有经历过的活动， 所以最好先让他们有一些机会尝试进行小组讨论。 这些活动最好是开放性的， 需要儿童做决定， 又不能以简单直接的方式解决问题。 例如， 试试下面这些活动。

- 给每组一些不容易看出类别的物品， 让儿童进行分类。 你可以规定分几类， 也可以不规定。
- 请小组商议决定， 将 5 件艺术作品按最喜欢到最不喜欢排序。
- 木偶表演： 根据一个大家熟悉的故事， 自选木偶， 每个木偶代表故事中的一个角色。

每项活动之后， 与儿童讨论活动进行得怎么样， 他们在达成一致意见时遇到了什么问题。 询问他们是真正达成共识， 还是由一位小组成员做决定。 经过几次尝试之后， 你就可以和儿童一起探讨一个好的讨论应该怎样进行。 或许你可以用木偶演示什么是好的讨论， 什么是不好的讨论， 然后组织进一步的讨论活动， 让儿童决定班级里的 "谈话规则"。 已有研究者验证了这些做法的效果， 并对相关问题和如何扩展相应的研究提出了很好的看法（ Dawes and Sams， 2004 ）。

参考文献

Butterworth, G. E. and Grover, L. (1988) 'The origins of referential communication in human infancy', in L. Weiskrantz (ed.) *Thought without Language*. Oxford: Oxford University Press.

Chen, Z., Sanchez, R. P. and Campbell, R. T. (1997) 'From beyond to within their grasp: the rudiments of analogical problem-solving in 10- and 13-month-olds', *Developmental Psychology*, 33, 790–801.

Cooke, L., Chambers, L., Anez, E., Croker, H., Boniface, D., Yeomans, M. and Wardle, J. (2011) 'Eating for pleasure or profit: the effect of incentives on children's enjoyment of vegetables', *Psychological Science*. Available at: http://dx.doi.org/10.1177/0956797

610394662.

Dawes, L. and Sams, C. (2004) *Talk Box: Speaking and Listening Activities for Learning at Key Stage 1*. London: David Fulton. Donaldson, M. (1978) *Children's Minds*. London: Fontana.

Ehri, L. C. , Nunes, S. R. , Willows, D. M. , Valeska Schuster, B. , Yaghoub-Zadeh, Z. and Shanahan, T. (2001) 'Phonemic awareness instruction helps children learn to read: evidence from the National Reading Panel's meta-analysis', *Reading Research Quarterly*, 36, 250–87.

Fernyhough, C. and Fradley, E. (2005) 'Private speech on an executive task: relations with task difficulty and task performance', *Cognitive Development*, 20, 103–20.

Field, T. (2007) The *Amazing Infant*. Oxford: Blackwell.

Flavell, J. H. (1963) *The Developmental Psychology of Jean Piaget*. Princeton, NJ: Van Nostrand.

Gopnik, A. (2009) *The Philosophical Baby*. London: The Bodley Head.

Gopnik, A. , Meltzoff, A. N. and Kuhl, P. K. (1999) *How Babies Think*. London: Weidenfeld & Nicolson.

Goswami, U. (1992) *Analogical Reasoning in Children*. London: Lawrence Erlbaum.

Goswami, U. (2008) *Cognitive Development: The Learning Brain*. Hove, East Sussex: Psychology Press.

Hilgard, E. R. (ed.) (1964) *Theories of Learning and Instruction*. Chicago, IL: University of Chicago Press.

Howe, C. J. , and Tolmie, A. , Thurston, A. , Topping, K. , Christie, D. , Livingston, K. , Jessiman, E. and Donaldson, C. (2007) 'Group work in elementary science: towards organiza-tional principles for supporting pupil learning', *Learning and Instruction*, 17, 549–63.

Kirkham, N. Z. , Slemmer, J. A. and Johnson, S. P. (2002) 'Visual statistical learning in infancy: evidence for a domain general learning mechanism', *Cognition*, 83, B35–42.

Littleton, K. , Mercer, N. , Dawes, L. Wegerif, R. , Rowe, D. and Sams, C. (2005) 'Talking and thinking together at Key Stage 1', *Early Years*, 25, 167–82.

Meltzoff, A. N. (1988) 'Infant imitation and memory: nine-month olds in immediate and deferred tests', *Child Development*, 59, 217-25.

Meltzoff, A. N. and Moore, M. K. (1999) 'Imitation of facial and manual gestures by human neonates' and 'Resolving the debate about early imitation', in A. Slater and D. Muir (eds) *The Blackwell Reader in Developmental Psychology*. Oxford: Blackwell.

Mercer, N. and Littleton, K. (2007) *Dialogue and the Development of Children's Thinking: A Sociocultural Approach*. London: Routledge.

Piaget, J. (1962) *Play, Dreams and Imitation in Childhood*. New York: W. W. Norton & Co.

Plunkett, K. (2000) 'Development in a connectionist framework: rethinking the nature-nurture debate', in K. Lee (ed.) *Childhood Cognitive Development: The Essential Readings*. Oxford: Blackwell.

Rizzolatti, G. and Craighero, L. (2004) 'The mirror neuron system', *Annual Review of Neuroscience*, 27, 169-92.

Schaffer, H. R. (2004) 'Using language', in *Introducing Child Psychology*. Oxford: Blackwell.

Snow, C. E. (2006) 'What counts as literacy in early childhood?', in K. McCartney and D. Phillips (eds) *Blackwell Handbook of Early Childhood Development*. Oxford: Blackwell.

Sylva, K., Melhuish, E. C., Sammons, P., Siraj-Blatchford, I. and Taggart, B. (2004) *The Effective Provision of Pre-School Education (EPPE) Project: Technical Paper 12—The Final Report: Effective Pre-School Education*. London: DfES/Institute of Education, University of London.

Tizard, B. and Hughes, M. (1984) *Young Children Learning*, London: Fontana. Trevarthen, C. and Aitken, K. J. (2001) 'Infant intersubjectivity: research, theory and clinical applications', *Journal of Child Psychology and Psychiatry*, 42, 3-48.

Vallotton, C. and Ayoub, C. (2011) 'Use your words: the role of language in the development of toddlers' self-regulation', *Early Childhood Research Quarterly*, 26, 169-81.

Wason, P. C. and Johnson-Laird, P. N. (1972) *Psychology of Reasoning: Structure and Content*. London: Batsford.

Winsler, A. and Naglieri, J. A. (2003) 'Overt and covert verbal problem-solving strategies:

developmental trends in use, awareness, and relations with task performance in children aged 5 to 17', *Child Development*, 74, 659–78.

Wood, D. J. (1998) *How Children Think and Learn*, 2nd edn. Oxford: Blackwell.

Wood, D. J., Bruner, J. S. and Ross, G. (1976) 'The role of tutoring in problem-solving', *Journal of Child Psychology and Psychiatry*, 17, 89–100.

第六章 语言与学习

第七章　自我调节

关键问题

- 什么是独立学习、自我调节、元认知？
- 为什么对儿童来说，成为具有自我调节能力的学习者很重要？
- 情感、社会性、认知、动机等自我调节的各方面之间是什么关系？
- 如何支持和鼓励儿童发展元认知和自我调节能力？
- 如何测评儿童的自我调节能力？

自我调节指什么？　它为什么重要？

我在本书第一章曾说过，根据发展心理学的研究证据，特别是最近30年左右的研究，儿童比人们以前认为的更有能力。我还特别想指出，儿童能为他们自己的学习负责，能成为自我调节的学习者，而二三十年前人们并不这样认为。我还提出，最近各国政府和早期教育界非常热衷于帮助儿童成为独立的或能自我调节的学习者，然而，他们对于自我调节在理论和实践层面的确切含义还存有许多困惑。我特别想把自我调节与所谓的"依从性"（compliance）或狭义的"入学准备"加以区分。自我调节是指情感、社会性、认知、动机发展的基本方面，绝不是做好准备按别人让你做的去做，或是准备和愿意安静地坐着。然而，这是诸多技能和品质发展的基础，与儿童成长为成功的学习者、善于社交的成人有密切联系。因此，作为早期教育工作者，我们必须清楚地理解自我调节的本质及如何有效支持和促进儿童自我调节的发展。

我希望本书中的各章内容有助于说明关于自我调节的多种认识，至少是发展心理学对它的多种理解，我同样希望读者能清楚为什么它如此重要。我们已看到，自我意识的发展和增强可以增加儿童对自己心理过程和表现的控制，这与儿童的整体发展有关，是儿童整体发展的基础。儿童对自己情感经验和社交能力的意识很重要，对支撑学习、思维、推理、记忆的认知过程的意识也很重要。所有这些会激发儿童主动理解周围世界、控制自己的经验、与同伴和成人建立关系的内在愿望。我希望儿童好玩的天性可以帮助我们为促进上述发展创设适宜的教育情境。

在本书最后一章，我想把这一切整合在一起，回顾一些专门针对自我调节发展的研究和理论，由此进一步澄清自我调节的核心要素。我还想更清晰地概括这些研究为早期教育如何支持儿童的学习和发展提供了哪些重要启示。

在发展心理学中，有 3 个理论流派对我们关于自我调节的新近理解有所贡献，包括后皮亚杰学派的心理学家（我在第六章回顾了他们对认知革命的贡献）、以维果茨基为首的苏联心理学派，以及对理解人类动机感兴趣的社会心理学家。

第一个流派中的美国心理学家约翰·弗拉维尔最先确定"元记忆"和"元认知"的重要性。我们在第五章提到过，在 20 世纪 60 年代和 70 年代初有一项经典的系列实验，研究发现，儿童即便已知道某种策略并已成功地运用过这种策略，他们在新的记忆任务中仍不能有效运用该策略（Flavell et al., 1966）。弗拉维尔的重大发现是，要求儿童在 20 秒内记住一些物品时，5 岁的儿童能运用口头复述策略，但他们或许没有意识到这是一种合适的做法。当他教孩子们这样做时，5 岁的儿童能很好地进行口头复述，并取得与年龄较大儿童一样的记忆结果。然而，当研究者随后向他们提出一个非常相似的任务时，约一半的 5 岁儿童又不会复述了，记忆表现也不好。弗拉维尔针对 5 岁儿童的这种行为模式提出了"产生性缺失"（production deficiency）这一概念，认为儿童需要发展的不仅有口头复述能力，他们还需要知道什么时候以及为什么要采取这种策略。之后他把这称作儿童"元记忆"的缺失。元记忆是关于自己记忆过程及如何运用它们的知识，以及关于他们正在做的事是否有效，或他们是否需要采取其他方法或策略的认识。

然而，随着我们回顾更多的研究，我们发现，儿童元认知意识缺乏的现象在一定程度上是实验情境所致。这让我们想起了对皮亚杰早期研究的批评。例如，第五章曾介绍过心理学家 Z. M. 伊斯托明纳（Istomina, 1975）在 20 世纪 70 年代中期做的一项研究，当任务情境对儿童有意义时，5 岁的儿童会表现出他们能意识到自己的记忆过程，并运用恰当的策略。下面是伊斯托明纳记录的一个叫阿洛卡（Alochka）的 5 岁女孩在记忆任务中的表现，任务是为芭比娃娃的午餐采购食物。

阿洛卡（5 岁 2 个月）忙着准备午餐，好几次提醒实验者她需要盐。

当轮到她去商店时，她带着急切的表情问道："Z. M.，我该买什么？盐？"

实验者向她解释说，要买的东西不止这一样，然后告诉她另外 4 种需要买的东西。阿洛卡专心倾听，不时点点头。她拿起篮子和出门条还有钱走了，但很快就回来了。

"Z. M.，我要买盐、牛奶，还有什么？"她问，"我忘了。"

实验者重述一遍要买的东西。这次实验者每说完一个词，阿洛卡就低声重复一遍，然后很自信地说"我知道我忘了什么"，之后离开。

在商店里，她走到经理面前，带着严肃的表情，正确说出了 4 种物品的名字，每一个之间略有停顿。

"还有一样东西，但我忘了。"她说。（Istomina, 1975, pp. 25-26）

我们可以清楚地看到阿洛卡已出现元认知意识的迹象。自始至终，她都知道她记住了什么和忘记了什么。她最开始尝试的是每听一个词就点头的简单策略，但很快意识到这不管用。于是，第二次她换用另一种策略，"实验者每说完一个词，阿洛卡就低声重复一遍"，这要有用得多。这个例子很好地显现了对行动的元认知加工过程，包括监控自己的知识或记忆状况，或自己正在做的是否有效，以及为了实现自己的目标，调节自己所使用的认知策略以改善自己的表现。这是我们成人在诸如阅读这样的活动中做的，当我们阅读时，我们一直在监控我们是否理解从书中刚读到的观点或当前的情节发展。如果发现我们有不理解的地方，我们就会从我们已掌握的阅读策略中选出一个来进行弥补。我们可能更加认真地再看一遍刚读的这一段，可能往回翻，读一读前面与此有关的部分，也可能往后翻，看看接下来会有怎样的观点。我们还可能在字典里查找词语解释，等等。我们甚至可能判断我们之所以不能集中注意，是因为天太晚或我们太累，此时我们可以喝杯咖啡，休息一下，或去睡觉，明天早上再继续看。所有这些都有赖于我们已发展成熟的元认知能力。

现在公认的元认知加工模型是由纳尔逊和内伦斯（Nelson and Narens，1990）提出的，图7.1是其中的一个版本。他们提出，人们在完成心理任务时，同时在至少两个层面进行操作。在客观层面，我们确实在执行任务，但在同时，我们在元层面把握任务目标，从根据以往经验形成的长时记忆中提取与当前任务或相似任务（类比）相关的信息。我们还在元层面将任务进展与预期目标进行比对，在需要时调整我们在客观层面的做法。为实现这一过程，一方面信息会从客观层面流向元层面（监控），使我们在元层面对任务进展的表征不断更新；另一方面信息会反向流动（控制），不断对我们使用的策略进行调整。这样，从先前经验中产生的元认知知识不断增加，由此提高上述反馈回路的执行效率，确保我们在熟悉任务中的认知活动越来越顺畅、协调、高效、自动化。我们可能会意识到这样的一些加工过程（也许在我们作为新手面对某项任务时最有感受），但大多数情况下我们完全意识不到这些过程。

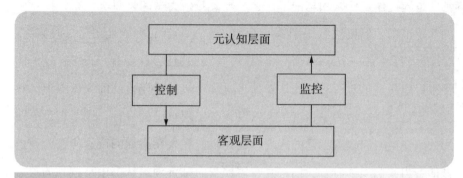

图7.1 纳尔逊和内伦斯（1990）的元认知加工模型

　　然而，当任务相对较新时，必要的元认知活动需要付出相当大的努力，这可能会超出儿童的工作记忆容量（第五章已讨论过）。这种观点得到一些新近研究的支持。这些研究发现，在与儿童年龄相适宜的任务中，儿童可以进行元认知活动。例如，德洛克等研究者（DeLoache et al., 1985）证明，在操作性游戏中，早至 18 个月大的儿童已表现出纠错策略的发展。布洛特等研究者（Blöte et al., 1999）用一种新的"相同或不同"任务研究 4 岁儿童的组织策略。该任务用若干成套玩具进行，尽量减少对记忆的要求（孩子们必须判断两套玩具是否相同，即它们是不是同一套玩具。每套均是 7 个玩具）。他们发现，在这个任务中，儿童自发的行为很有策略性，虽然多数孩子自发运用的并非是最有效的"匹配"策略，但经过训练后他们可以运用这种策略，并迁移到用新材料进行的任务中。这显示，弗拉维尔及其同事在较早研究中发现儿童的"产生性缺失"现象很可能不是元认知过程的问题，而是工作记忆负荷的问题。在我自己的研究中，也在 3 岁儿童的游戏活动中发现了元认知和自我调节行为。本章后面部分会介绍这一研究。布朗森（Bronson, 2000）对这一领域的大量研究进行了非常好的综述，揭示了儿童从出生到上小学在认知、情感、社会性、动机等方面的自我调节能力是如何逐步产生和发展起来的。

　　然而，毫无疑问，儿童的元认知能力虽然在生命早期就以萌芽形式显现，但它仍随着儿童日渐长大和成熟而不断发展，而且不同儿童的元认知能力存在明显差异（成人也是如此）。这些观点具有非常大的教育意义。王（Wang et al., 1990）回顾该领域的广泛研究后得出结论，元认知是学习的最有力的单一预测因子。最近，韦恩曼的研究（Veenman et al., 2004）表明，元认知熟练度对学习表现的独立影响已超过传统智力测试所测智力的影响。

一个人监控和调节自己的认知，不断增进关于自己能力、任务、认知策略的元认知知识的复杂性，这在人类多方面发展和学校课程的诸多领域显现了其重要性。这包括推理和问题解决（Whitebread, 1999）、数学（De Corte et al., 2000）、阅读和文本理解（Maki and McGuire, 2002）、记忆（Reder, 1996）、动作发展（Sangster Jokic and Whitebread, 即将出版），等等。还有研究者提出，有时有学习困难的儿童会表现出元认知缺陷（Sugden, 1989）。目前，人们已广泛认识到，儿童已出现自我调节能力，近期有一些研究集中探讨这对早期教育的启示。例如，在美国，对来自低收入家庭的 3—5 岁儿童的研究（Blair and Razza, 2007）显示，自我调节能力（尤其是稍大孩子的抑制性控制）可以预测约一年后的数学能力和阅读能力。

支持自我调节的教学：维果茨基与社会交往

令人高兴的是，关于元认知和自我调节意向和技能的个体差异，我们之前提出的两个理论流派已对其成因进行了研究。对于早期工作记忆容量及执行元认知行为方面的困难，研究者将维果茨基的理论与注重研究人类动机的社会心理学家的观点结合起来，阐释如何通过成人的支持和由成功经验带来的奖赏帮助儿童克服这些困难。

依据维果茨基自我调节发展理论进行的研究已揭示儿童的元认知学习如何发生以及如何在教育情境中鼓励其发展。维果茨基认为，儿童学习的发展是一个从他人调节（在成人或同伴支持下完成任务）到自我调节（自己完成任务）的过程。第六章已讨论过，维果茨基最著名的观点可能是"最近发展区"，即儿童独立表现出来的心理发展水平和儿童在成人或有经验的同伴指导下表现出的水平之间的区域。维果茨基还提出，当儿童在最近发展区内操作时，会出现最有效的学习。在维果茨基看来，所有学习都始于社会交往。第六章的进一步回顾发现，近年来有大量研究关注成人支持儿童学习的过程。这些研究极为支持维果茨基的观点，也发现了一些成人有效支持和促进儿童最近发展区学习的基本要素，如鼓励、教导、提问、简化任务、提示目标、提出建议、通过示范突出任务要点、给予反馈，等等。有经验的成人会将多种互动形式组合起来，提供所谓的"支架"，即一种暂时性的支持体系，帮助儿童成功完成任务并形成技能和理解。至关重要的是，研究表明，好"支架"的特点是，随着儿童越来越能独立执行任务，越来越能发挥自我调节者的作用，成人要能够敏感地撤回支持（Schaller，2004）。

在维果茨基看来，学习是一种内化进程，先是由成人或较有经验的同伴来示范和讲解成功完成任务的程序，然后儿童逐渐能在完成任务的过程中通过自我评论或自言自语来指导自己。最后，儿童能够运用内部语言或抽象思维实现完全的自我调节。这种理论表明，元认知和自我调节能力是通过社会交往学会的。如果是这样，那么这将给早期教育工作者带来令人振奋的前景。目前有很多文献涉及增进儿童元认知和自我调节能力的教育干预措施的开发和评估，这些研究证实了维果茨基的观点，证明这些能力的确可教。

最近，迪格纳斯（Dignath et al.，2008）围绕对小学儿童自我调节的干预研究进行了一项很有益的元分析，这些干预大多取得了积极效果。具体干预措施包括让元认知和学习策略清晰可见，鼓励儿童反思和谈论他们的学习等。这方面已开发和检验了一些教学技巧。

- 合作小组系列方法（Forman and Cazden，1985）：迫使儿童在合作性的活动中表达自己的理解，评估自己的表现，反思自己的学习。

- 交互教学法（Palincsar and Brown，1984）：一个结构化的流程，教师向儿童示范如何教一个活动，然后儿童再去教其同伴这种活动。

- 自我解释法（Siegler，2002）：要求儿童针对科学现象或故事情节等解释"怎样"和"为什么"，然后让儿童对他们自己和一个成人的推理提出解释（成人说他们在想什么，然后问儿童他们为什么认为成人会那样想，或他们是如何得出这个答案或结论的）。

- 自我测评法（Black and Wiliam，1998）：关于儿童对自己学习进行自我测评的若干教学理念，例如，儿童自己选择任务难度，自己选出最好的作品放入反思性档案袋。

- 总结回顾系列方法（Debriefing，Leat and Lin，2003）：对活动或一项学习进行反思，包括"鼓励学生提问题""让学生自我解释""交流每节课的目标"等。

虽然这些研究最初主要针对稍年长的儿童，但我在研究中与有经验的早期教育工作者一起检验了这些教学技术对 3 岁儿童是否有效。我们发现，它们可以适用于较年幼的儿童——得到了他们的积极响应，在支持他们自我调节发展方面非常有效。我在稍早的章节里提到过剑桥自主学习项目（Whitebread et al.，2005，2007），参与项目的有 32 位教 3—5 岁儿童的老师，他们展示了一系列教育方法的有效性，并对其积极成效感到非常高兴。这些方法提高了儿童谈论自己学习的能力，增强了他们在教育情境中作为学习者的信心。第六章提到了我最近与尼尔·默瑟一起进行的一项研究，教 5—6 岁儿童的一年级教师也欣喜地发现，支持儿童参与讨论和合作解决问题给儿童学习带来了积极影响。

由这些研究引发的一个问题值得我们重视。研究一再发现，让儿童有机会对自己所用策略的有效性进行反思是非常重要的。特别是幼儿，他们经常表现出他们能够运用策略（如他们在弗拉维尔记忆实验里的表现），并在这样做时提高成绩。然而，如果他们没有把成绩提高归因于运用策略，那么他们就不大会在类似任务中对这一策略进行迁移运用。例如，法布里修斯和哈根（Fabricius and Hagen，1984）尝试教 6—7 岁儿童组织策略，该策略提高了他们在记忆任务中的成绩。对于成绩提高，一些儿童将之归因于运用了策略，但也有些儿童没能看出使自己成绩发生变化的原因——有的认为是因为自己看的时间增加，有的认为是因为自己更加动脑筋，还有的认为是因为自己放慢了速度。这些儿童中，只有 32% 将这种策略迁移到第二项回忆任务中，而明确说出老师教的组织策略有效的儿童中有 99% 进行了迁移运用。我与尼尔·默瑟新近在一年级所做的研究发现，与儿童讨论他们的小组活动进行得怎样，为什么遵循谈话规则时，讨论会更成功，这应该是教学总结环节的必要组成部分。

支持自我调节的教学： 情感、 社会性与动机因素

理解儿童自我调节的发展还有一个重要因素，与关注理解人类动机的社会心理学家的研究有关。这一研究领域新近形成的重要认识是，元认知能力对人的行为表现有一定影响，但它也取决于个人决定对一项任务投入多少努力。个人对任务价值的认识，他们的情感反应，包括感觉到的难度、兴趣水平、个人相关性等，还有他们对之前在类似任务中的成败归因等，都会影响到保罗·平特里奇（Paul Pintrich，2000）和其他研究者提出的 "目标取向"（即做这个任务的个人目标是什么），进而影响其元认知表现。幼儿教师马上会想到，不管活动计划得多好，如果这个活动没有抓住幼儿的兴趣，那么他们会转移注意力，不会在可以提供有益经验的方面投入足够的努力。我们在第六章回顾过相关研究，该研究探讨成人在共同关注中的 "跟随注意" 和 "转移注意" 两种方式。基于对动机重要性的认识，研究者（Paris and Paris，2011）提出，自我调节学习是 "技能和意愿的融合"。

自我调节认知方面和动机方面的相互关系是新近研究很关注的一个问

题。一些研究者（Schunk and Zimmerman，2008）收集整理了这一领域的许多重要研究，包括自我效能感（儿童相信自己通过努力可以提高能力，由此带来"掌控力"而不是"习得性无助"）、兴趣（带来投入和参与）、自我决断（这意味着儿童对力量、自主性、归属感或积极社会关系的需要得以满足，这影响着他们遵从自己的动机和规则的能力）。在元认知理论家越来越认识到动机重要性的同时，关于情绪发展的研究（第二章曾讨论过）越来越认识到元认知对情绪调节的重要性。这方面的研究已达到顶峰，例如，丹尼尔·戈尔曼（Daniel Goleman，1995）已提出了情绪智力理论。

神经科学研究也支持自我调节的情感和认知两方面整合的模型。元认知和自我调节执行功能的发展似乎与大脑额叶的发展有关。例如，巴克利（Barkley，1997）总结了大脑额叶的若干功能模型，提出了 5 个执行功能，它们一起构成了一个复杂完整的自我调节系统。这 5 个成分明显包含认知和情感两方面因素，具体如下。

- 抑制：停止或中断自动过程或正在进行的过程。
- 工作记忆：回忆往事和规划未来。
- 内部语言：自我调节，有意识地执行当前任务。
- 激励性评价：根据情绪和动机对决策设置限制。
- "重构"或行为评价：对行为的分析和重组。

激动人心的是，大脑额叶功能的每个成分都与发展心理学确立的某些理论观点相关。我们在第五章回顾了关于工作记忆的研究，第六章是关于内部语言的研究。本章最后讨论自我调节的评价时会提到与抑制有关的研究。在这些领域的发展模型中，对情感、动机、行为的评价是一个基本要素，第二章关于情感的讨论中谈到一些，接下来讨论激发动机的方法时还会谈及。心理学和神经科学的共识使我们对自我调节的价值很有信心。

一系列实证研究证明，元认知过程与情感及动机的自我调节过程相互关联。例如，平特里奇和德格·鲁特（Pintrich and De Groot，1990）进行了对七年级学生的大样本研究，探讨动机、自我调节学习、学业成绩之间的相关性。他们发现，积极的自我效能感、关于任务的内在价值感，与运用认知和元认知策略、面对困难的坚持性呈正相关。换句话说，那些相信自己有能力的学生以及对学业表现出真正兴趣的学生，在执行任务时比其他学生更可能运用和调节认知策略。

在另一个研究中，佩克伦（Pekrun et al.，2002）探究了情绪在自我调节学习中的作用。他们发现不同情绪与自我调节学习具有不同的关系模式，例如快乐和希望就与焦虑、厌倦不同。积极情绪与努力、兴趣、运用精加工策略、自我调节呈正相关，与不相干的思考呈负相关。消极情绪呈现出相反的模式，与兴趣、努力、精加工策略、自我调节呈负相关，而与不相干的思考及外部调控呈正相关。

随着研究者越来越多地认识到情感和动机的重要性，许多研究不再仅仅考察直接教元认知技能和策略的影响，而是开始关注教育环境中可能支持自我调节发展的社会和情感方面。有两个研究可以说明这已成为理论和研究的新重点，一个是佩里（Perry，1998）对二年级和三年级学生读写活动的观察，另一个是迈耶和特纳（Mayer and Turner，2002）对六年级数学课上教师的支架式谈话的研究。

佩里（1998）对二年级和三年级学生读写活动的观察持续了6个月。通过观察和访谈小学生，她探索了任务类型、评价形式、权力结构（authority structure），对学生写作中的自我调节、关于支持和控制的感知，以及与阅读活动有关的信念、价值判断、期望等的影响。根据她的观察，她确定了两种不同类型的课堂：高自我调节学习的课堂与低自我调节学习的课堂。

高自我调节学习的课堂，其写作活动具有挑战性和开放性；儿童有机会控制挑战水平，也有机会进行自我评价；通过策略教学支持学生的自主性，采用掌握定向的鼓励方法培养学生对挑战的积极感受，强调个人进步，把错误视为学习机会。相反，低自我调节学习的课堂中，儿童能参加的活动类型很有限，没有多少选择性。评价过程主要由成人控制，对所有学生的评价很相似，注重成绩，强调社会性比较。对学生表现的观察表明，与低自我调节的课堂相比，高自我调节的课堂的学生更能采用系统而有策略性的方式执行任务，以灵活的方式进行操作，恰当地寻求帮助。学生在半结构化和回溯性访谈中的报告也有重要差异，高自我调节的课堂的学生普遍表现出"掌握定向"，即便是能力较弱的学生也是如此，低自我调节的课堂的学生更倾向于逃避有挑战性的任务，表现出动机的脆弱性（Perry，2002）。

迈耶和特纳的研究（2002）发现了相似的结果。该研究对六年级数学课上教师的支架式谈话进行探索。研究者探讨了 3 种类型的支架：①为理解提供支架；②通过策略教学和逐步将责任移交至学生为自主提供支架；③为强调积极情感、合作、掌握定向的课堂环境提供支架。同时还提出两种非支架型的教学方式：①由教师控制的反应；②非支持性的反应。研究结果表明，在自我调节学习指标上得高分的学生，他们所在的课堂教学特点是：①积极而有支持性的课堂氛围；②强调理解；③将责任从教师转向学生，鼓励自主；④分担学习责任。

剑桥郡独立学习项目： 在奠基阶段①发展自我调节

上述研究针对的是年龄稍长的儿童，而我在剑桥郡独立学习项目的研究中，确定了在早期教育课堂进行自我调节教学的关键特征，本书第一章对此有所论述，并以情感温暖和安全、控制感、认知挑战、对学习的叙述（即谈论学习）等标题呈现。我在其他著作里更详尽地回顾了这项研究及其对早期教育课堂组织的启示（Whitebread et al.，2008），在接下来的总结部分，我将介绍我在观察早期教育课堂时产生的一些想法和观点，这些

---

① Foundation Stage，主要针对 3—5 岁儿童。——译者注

课堂都在支持儿童朝着自主调节学习者发展。我想以这些想法和观点概括该项目和本书的中心思想。

本项目主要的发现是，3岁儿童的确在教育情境中显现出自我调节技能，这种技能可以因获得支持和鼓励而进一步发展。我们在剑桥郡（包括城区、乡村、贫民区、富人区、郊区）的32个奠基阶段早期教育机构里收集了约100小时的教学视频。我们从这些数据里确定了大约600个显示儿童自我调节行为的片段，包括语言行为和非语言行为（verbal and nonverbal behaviours），都很容易观测到。自我调节行为在儿童独自玩耍、小组玩耍以及在大组或全班讨论时都可以观察到。无论成人在与不在，无论在户内还是户外，都可以观察到儿童的自我调节行为。当然，很明显，自我调节行为在儿童发起的活动中最容易被观察到，当儿童以小组形式玩耍或合作解决问题（如完成地板拼图、用建构材料搭建东西），或展开某种想象性的社会角色游戏时，最容易看到儿童的自我调节行为。我在其他著作里对项目中发现的证据有更为详细的阐述（Whitebread et al., 2005, 2007）。

作为剑桥郡独立学习项目的一部分，我们还开发了一项为期5天的培训课程，在剑桥郡的早期教育机构里滚动实施，取得了极大成功。我认为，这主要是由于我们的方法受到了孩子们的欢迎。培训课程结束时，我们要求学员明确提出，他们的哪方面实践，或他们所在机构或教室的哪个方面需要改善，同时要求他们在计划、实施、评价教学改革的每个阶段都要征询孩子们的意见。学员们常常对项目有些担忧，这可以理解。但他们后来却一致对项目赞赏有加，因为他们从中学有所得，他们的观念转变也使孩子们受益良多。他们经常谈及孩子们对活动的兴趣和参与度有增进，班级社会生活得到改善。他们还谈及自己越来越能理解怎样改进教学才能支持而不是阻碍孩子的学习和发展。与早期教育实践者分享这些新发现真是件快乐的事。我希望本书的每一页都散发着这样的快乐，让我们看到孩子们在有机会展现其真正才能时对学习的无限能量和热情。

幼儿自我调节的测评

最早关于元认知和自我调节的研究主要聚焦于成人和较年长的儿童，这很可能是因为研究方法的局限。例如，已有研究广泛采用自我报告式的调查问卷，以及"出声思维"技术，要求被试大声说出他们在完成实验任务时在想什么。这两种方法显然都不能用于研究年幼儿童。随着数字视频和复杂的视频分析软件的出现，我们有可能分析剑桥郡独立学习项目获得的大量观察数据，而这激发了更多研究幼儿自我调节行为的兴趣。该项目进行的观察分析使我们能够确定3—5岁幼儿自我调节能力健康发展的行为指标。根据这些分析已开发出一套《儿童独立学习发展》（Children's Independent Learning Development，CHILD）观察工具，它可以在研究情境中使用，也可以由早期教育教师来使用。随后的研究表明，这一工具有非常好的效度，与其他关于元认知能力的实验性测量工具有显著相关（Whitebread et al.，2009），早期教育工作者可以很可靠地用它来测评幼儿自我调节的发展。很多早期教育实践者告诉我们，这是对《早期奠基方案》（EYFS）衍生的正式评估的有益补充，可以为他们和关心孩子发展的家长进行更有意义的讨论提供依据。图7.2列出了《儿童独立学习发展》观察工具里22个观察项目以及典型实例。在本章结束部分的建议活动中，我将介绍使用这一工具的方法。很多早期教育实践者发现这些方法可以增进他们对幼儿自我调节的理解，帮助他们改善自己的实践以支持这些重要方面的发展。我还会介绍测评幼儿抑制性控制（他们停下自己正在做的事，有意地控制自己行为去做其他事）的一些简单任务，这些任务是在研究中广泛运用的比较成熟的方法。研究者已经明确认识到，抑制性控制是幼儿发展其自我调节能力的最基本的认知结构。我希望你会在这个领域做出努力。

观察项目	实例	事件描述
独立学习的情绪因素		
谈论其他人的行为和后果	关于回形针的警告	3个孩子在工场区（workshop area）玩。一个看上去好像正在领导这个游戏的女孩对其他孩子解释回形针是多么危险，并示范正确的使用方式。
自信地完成新任务	从1数到100；求和；倒数；不停地数数	在教师提供足够的认知结构化指导后，儿童自发地设定和解决越来越有挑战性的数学问题，有一系列事件反映这一清晰的进程。
能够控制注意，对抗干扰	修自行车	一个孩子进入工场区，决定修理一辆放置在这里的自行车。在一段时间内，这个孩子专注于这项任务，使用多种不同工具，不时检验自己的行动结果。
监控进程，恰当寻求帮助	建一座桥	一组孩子决定在两个城堡之间建一座桥，但是桥老塌。这些"建造师"积极向在周围观看的其他孩子寻求建议。
面对困难时坚持	寻找螺丝刀	一个小女孩走进圣诞老人工场，她想找螺丝刀来制作玩具。她积极地寻找，并请其他小孩帮忙。15分钟后，她似乎已在进行其他活动，她已经找到螺丝刀了。"我找到了螺丝刀。"
独立学习的社会性因素		
协商何时和如何执行任务	计划游戏；分小组游戏	一组孩子在教师鼓励下，尝试用一个环和一个球创造一个游戏。这些孩子积极地谈论谁举着环，谁投球。他们都同意必须轮流。"否则就不公平。"其中一个孩子说。他们先试了试，然后去教班里其他同学。
可以和同伴解决社交问题	协商儿童人数	工场区来了太多孩子。一个孩子意识到这种情形，像一个谈判者一样尝试着决定谁该留下，谁必须离开。他通过不同的提问解决这个问题："谁不想待在这儿？""谁在这儿的时间最长？"

观察项目	实例	事件描述
意识到他人感受；帮助和安慰	制作贺卡	一个女孩在帮一个男孩制作贺卡。她没有帮他"做"，而是应他的要求告诉他怎么做。在这个过程中，她给予很多帮助并一直在看男孩做，她没有替他做，但她似乎对帮助过程感到非常自豪。
在没有成人帮助下，和同伴进行合作活动	表演故事《三只小猪》的危险情节	孩子们在角色扮演区玩关于三只小猪的游戏。他们引入了一个"危险"情节——大灰狼弄断了通往小猪家的电线。孩子们探究如何使用手电筒以及接下来怎样做。
在没有成人帮助下，分享和轮流	轮流	一组女孩在玩彩票游戏。她们自发地轮流，问："轮到谁了?"还互相提醒："轮到你了!"

独立学习的认知因素

观察项目	实例	事件描述
知道自己的优点和缺点	和杰克一起数豆子	一个女孩用名叫杰克的木偶数豆子。她意识到要数的豆子太多，于是她决定把一些豆子挪开，这样就可以"数得更好"。
能说出他们是怎样做的或他们学会了什么	画一团火	两个男孩并排坐在画桌旁，讨论怎样画一团火。一个男孩说火苗是 Z 字形，还画了一个样子，他还说是他妈妈告诉他火是这样的。另一个孩子不同意，争辩说先是小火，然后才变成大火。他画了一些往下的短线和一些比较长的竖线。他们讨论火怎样蔓延，火苗怎样移动。
能说出计划的活动	建造一座城堡	两个女孩决定在游戏区建造一个城堡。受教师提问的启发，她们说出想在城堡里放什么东西、需要哪些材料、先做什么。
可以做出理由充分的选择和决定	写一篇动物故事	两个男孩合作写一篇故事，他俩一起决定，要写出一个动物的特点，可以让别人根据故事找到相应的图片。
提出问题和参考答案	学习骨骼	一组孩子对骨骼很感兴趣，保健医帮助他们画出骨架，再照着书上的图片把骨骼填满。孩子一边画一边感受自己身上的骨骼。他们提出一些关于骨头的问题，有时候一个孩子会回答另一个孩子的提问。

观察项目	实例	事件描述
运用教师以前示范过的策略	支持同伴写作	两个男孩看到另一个男孩在为写作而苦恼,他们给他提供支持。他们用从教师那里听说的策略与男孩进行清晰的交谈,并对这个男孩的感受非常敏感。
为自己的目的使用以前听过的语言	写信息	两个女孩帮助一个也想写作的男孩。她们一直在看男孩在做什么,指着墙上(由一个孩子写)的信息范例,让男孩注意每一个字母,并读出字母名称。
独立学习的动机因素		
发起活动	制作电脑	两个孩子决定用硬纸盒制作电脑。他们一起合作,当进展不顺利时他们一起坚持,如一起探讨如何把盒子(显示器)粘到桌上。
在没有成人帮助下,发现自己的资源	重现故事《金发姑娘和三只熊》	孩子们决定表演故事《金发姑娘和三只熊》。他们找到 3 个大小不一的盒子当床,给熊找到 3 只碗和 3 把勺子,还找到一个煮粥的锅。
自己想出方法来执行任务	制作图书	一个孩子用 3 张复印纸和胶带做了一本书。她画了简单的插图,请教师记下这个故事。这是个完美的故事:"小猫失踪了。花儿很孤独。小狗没有朋友。太阳出来了,让它们都高兴起来。"给全班同学读了这本书的 4 周后,班里一半孩子用同样的方法制作了图书。
计划自己的任务、目标	包装圣诞礼物	一组孩子把游戏区变成圣诞老人工场。他们决定要包装礼物。他们寻找资源,协商各自的角色。
为解决问题和挑战而高兴	搭建一座桥	教师提出一个挑战:孩子们需要穿过一条满是鳄鱼的河流,到房间的另一边找到宝藏。孩子们决定搭建一座桥,并通过合作实现了这一目标。

图 7.2 《儿童独立学习发展》(CHILD)指标与样例

本章小结

为了增进你班儿童的情感温暖和安全体验，你可以：

- 表现你对他们的关注，给他们分享你的个人生活。

- 好好玩、尽情玩，表现出你因儿童的游戏而快乐。

- 示范如何对情绪进行自我调节，谈论情感问题，包括你自己的情感问题（如令你不满的事）。

- 对儿童的努力和热情所表现的欣赏至少与对他们活动结果和成就的欣赏一样多。

为了增进你班儿童在控制感方面的体验，你可以：

- 确保儿童能够得到实现自己游戏目标所需的一系列材料。

- 给儿童选择活动的机会。

- 和儿童一起讨论班级规则和常规、教室布置、课堂活动等，采纳儿童的意见。

- 让儿童参与设计、布置、维护角色扮演区和展示区等。

- 采取灵活的方式制定时间表，让儿童能将包含若干好玩游戏的一项活动持续到他们满意为止，避免不必要的中断。

为了增加你班儿童的认知挑战经验，你可以：

- 要求儿童策划活动。

- 考虑一项原计划独立进行的活动是否可以变成更具挑战性的小组合作任务。

- 提出开放性的、真实的、需要高级思维的问题，如：为什么？会发生什么？你为什么这样说？

- 给儿童自己组织活动的机会，避免成人过早干预。

为了增加你班儿童谈论自己学习的经验，你可以：

- 鼓励儿童游戏、解决问题，两人一组或小组合作开展活动。
- 计划和鼓励同伴互教，即一个儿童教另一个儿童。
- 让儿童进行自我评价。
- 在儿童完成任务过程中或是活动后的总结环节，向儿童说清楚任务的意图。
- 示范如何进行自我评论，可说明思维和策略（如用旧材料制作模型和选择材料时）。

 问题讨论

- 能自我调节的儿童的行为表现总是最好的吗？ 为什么不是？
- 我们怎样在班上为儿童掌控自己的学习提供机会？
- 我们是否根据儿童的兴趣来进行教学？
- 我们是否向儿童提过关于学习的元认知问题？
- 我们是否奖励努力而不是结果， 鼓励儿童 （ 或许通过做出示范 ） 相信通过努力可以取得进步？

 观察和测评活动

1. 通过活动测评

研究者已设计出很多任务来测评儿童的自我调节能力。 其中一部分测的是儿童的抑制性控制能力， 即他们能根据目标不做一些事而做另一些事。 研究者广泛认为， 这是获得认知和行为控制的基本结构要素， 它在幼儿期逐步发展， 只是不同孩子的发展速度有所差异， 患有注意缺失多动障碍的孩子抑制性控制能力较差。 测试任务如下。

（1） 西蒙说①。 你肯定知道这个游戏， 它有很多不同玩法， 如好猪和坏狼（ 只按好猪说的做——这个版本你需要木偶）。 你可以在班里用这个游戏唤起儿童的注意， 或玩着这个游戏度过那令人难耐的 5 分钟等待时间。 这会很好玩， 也会告诉你很多关于儿童抑制性控制的情况。

（2） 鲁利亚（ Luria ） 的手部游戏。 这是著名心理学家鲁利亚设计的一个游戏， 由一个成人和一个儿童一起玩。 如果儿童喜欢， 也可以两个儿童一起玩。 游戏过程很简单， 第一部分， 成人做动作——握拳或摊开手掌放桌面上， 儿童照做（ 20 次）； 游戏第二部分， 后者要做跟前者动作相反的动作。 这很有意思！

（3） 波尼茨（ Ponitz et al.， 2008 ） 摸脚趾任务。 这与鲁利亚的手部游戏非常相似， 只是这个游戏要求儿童按指令摸头或摸脚趾。 在游戏第二部分要做出与指令相反的动作。 这些简单任务能很好地测出 5 岁以下儿童自我调节的一般发展水平。

2. 通过观察评价儿童

《儿童独立学习发展》 可以有多种使用方式， 你可以在不同情境中分多次观察个别儿童， 看儿童是否表现出各项行为指标对应的能力， 搜集这些行为样本。 我建议刚开始练习时， 你可以与配班老师一起进行。 从班里选出 3 个儿童（ 根据你的印象， 他们的能力分别属于高、 中、 低 3 种水平）， 在一周之内， 你和同事分别在五六个不同时段观察他们， 每个时段观察 3— 5 分钟， 之后你俩应该能对儿童的自我调节水平得出一个总体评价。 你可以对照每一项指标， 根据观察结果对儿童表现相应行为的能力进行评分： 总是这样得 3 分， 有时这样得 2 分， 偶尔这样得 1 分， 从不这样得 0 分。 你可以把你对 3 个儿童的评分结果与同事的结果进行对比， 看看你们之间有哪些不一致的地方。 这项练习很有意义， 可以帮助你们更好地理解各项行为指标的内涵， 理解每个儿童的测评结果。

---

① 游戏中， 一位游戏者逐一发出动作指令， 其他游戏者在听到 "西蒙说……" 时才能跟着做动作。 若指令中没有这个提示， 则不跟着做动作。

接下来，你可以用这个工具对班级或小组中的其他儿童进行测评。也许你可以先对你最关注的儿童进行测评。你也可以每隔几月再测一次，以便跟踪儿童的发展情况。你可能发现，使用这一工具还有助于改善你的教育实践。例如，许多实践者说，他们意识到以前没有给儿童提供做合理决定、解决社交问题、自己选择资源的机会，所以无法测评儿童的这些能力。

参考文献

Barkley, R. A. (1997) *ADHD and the Nature of Self-Control*. New York: Guilford Press.

Black, P. and Wiliam, D. (1998) *Inside the Black Box: Raising Standards through Classroom Assessment*. London: King's College School of Education.

Blair, C. and Razza, R. P. (2007) 'Relating effortful control, executive function, and false belief understanding to emerging math and literacy abilities in kindergarten', *Child Development*, 78, 647–63.

Bl. te, A. W., Resing, W. C., Mazer, P. and Van Noort, D. A. (1999) 'Young children's organizational strategies on a same–different task: a microgenetic study and a training study', *Journal of Experimental Child Psychology*, 74, 21–43.

Bronson, M. (2000) *Self-regulation in Early Childhood*. New York: Guilford Press.

De Corte, E., Verschaffel, L. and Op't Eynde, P. (2000) 'Self-regulation: a characteristic and a goal of mathematical education', in M. Boekarts, P. R. Pintrich and M. Zeidner (eds) *Handbook of Self-Regulation*. San Diego, CA: Academic Press.

Deloache, J. S., Sugarman, S. and Brown, A. L. (1985) 'The development of error-correction strategies in young children's manipulative play', *Child Development*, 56, 125–37.

Dignath, C., Buettner, G. and Langfeldt, H-P. (2008) 'How can primary school students learn self-regulated learning strategies most effectively? A meta-analysis of self-regulation training programmes', *Educational Research Review*, 3, 101–29.

Fabricius, W. V. and Hagen, J. W. (1984) 'Use of causal attributions about recall performance to assess metamemory and predict strategic memory behaviour in young children', *Developmental Psychology*, 20, 975–87.

Flavell, J. H. , Beach, D. R. and Chinsky, J. M. (1966) 'Spontaneous verbal rehearsal in a memory task as a function of age', *Child Development*, 37, 283–99.

Forman, E. A. and Cazden, C. B. (1985) 'Exploring Vygotskian perspectives in education: the cognitive value of peer interaction', in J. V. Wertsch (ed.) *Culture, Communication and Cognition: Vygotskian Perspectives*. Cambridge: Cambridge University Press.

Goleman, D. (1995) *Emotional Intelligence*. New York: Bantam Books.

Istomina, Z. M. (1975) 'The development of voluntary memory in preschool-age children', *Soviet Psychology*, 13, 5–64.

Leat, D. and Lin, M. (2003) 'Developing a pedagogy of metacognition and transfer: some signposts for the generation and use of knowledge and the creation of research partnerships', *British Educational Research Journal*, 29 (3), 383–416.

Maki, R. H. and McGuire, M. J. (2002) 'Metacognition for text: findings and implications for education', in T. J. Perfect and B. L. Schwartz (eds) *Applied Metacognition*. Cambridge: Cambridge University Press.

Meyer, D. and Turner, J. C. (2002) 'Using instructional discourse analysis to study scaffolding of student self-regulation', *Educational Psychologist*, 37, 17–25.

Nelson, T. O and Narens, L. (1990) 'Metamemory: a theoretical framework and new findings', in G. Bower (ed.) *The Psychology of Learning and Motivation: Advances in Research and Theory*, *Vol. 26*. New York: Academic Press.

Palincsar, A. S. and Brown, A. L. (1984) 'Reciprocal teaching of comprehension-fostering and comprehension-monitoring activities', *Cognition and Instruction*, 1, 117–75.

Paris, S. G. and Paris, A. H. (2001) 'Classroom applications of research on self-regulated learning', *Educational Psychologist*, 36, 89–101.

Pekrun, R. , Goetz, T. , Titz, W. and Perry, R. (2002) 'Academic emotions in students' self-regulated learning and achievement: a program of qualitative and quantitative research', *Educational Psychologist*, 37, 91–105.

Perry, N. (1998) 'Young children's self-regulated learning and contexts that support it', *Journal of Educational Psychology*, 90 (4), 715–29.

Perry, N. , Vandekamp, K. O. , Mercer, L. K. and Nordby, C. J. (2002) 'Investigating teacher–student interactions that foster self-regulated learning', *Educational Psychologist*, 37, 5–15.

Pintrich, P. R. (2000) 'The role of goal orientation in self-regulated learning', in M. Boek- aerts, P. R. Pintrich and M. Zeidner (eds) *Handbook of Self-Regulation*. San Diego, CA: Academic Press. Pintrich, P. R. and De Groot, E. V. (1990) 'Motivational and self-regula- ted learning components of classroom academic performance', *Journal of Educational Psy- chology*, 82, 33–40.

Ponitz, C. E. C., McClelland, M. M., Jewkes, A. M., Connor, C. M., Farris C. L. and Mor- rison, F. J. (2008) 'Touch your toes! Developing a direct measure of behavioural regulation in early childhood', *Early Childhood Research Quarterly*, 23, 141–58.

Reder, L. M. (ed.) (1996) *Implicit Memory and Metacognition*. Mahwah, NJ: Lawrence Erl- baum.

Sangster Jokic, C. and Whitebread, D. (2011) 'The role of self-regulatory and metacognitive competence in the motor performance difficulties of children with developmental coordination disorder: a theoretical and empirical review', *Educational Psychology Review*, 23, 75–98.

Schaffer, H. R. (2004) 'The child as apprentice: Vygotsky's theory of socio-cognitive develop- ment', in Introducing *Child Psychology*. Oxford: Blackwell.

Schunk, D. H. and Zimmerman, B. J. (eds) (2008) *Motivation and Self-Regulated Learning: Theory, Research, and Applications*. Mahwah, NJ: Lawrence Erlbaum.

Siegler, R. S. (2002) 'Microgenetic studies of self-explanation', in N. Granott and J. Parziole (eds) *Microdevelopment: Transition Processes in Development and Learning*. Cambridge: Cambridge University Press. Sugden, D. (1989) 'Skill generalization and children with learning difficulties', in D. Sugden, (ed.) *Cognitive Approaches in Special Education*. Lon- don: Falmer Press.

Veenman, M., Wilhelm, P. and Beishuizen, J. J. (2004) 'The relation between intellectual and metacognative skills from a development perspective', *Learning and Instruction*, 14, 89–109.

Wang, M. C., Haertel, G. D. and Walberg, H. J. (1990) 'What influences learning? A con- tent analysis of review literature', *Journal of Educational Research*, 84, 30–43.

发展心理学与早期教育

Whitebread, D. (1999) 'Interactions between children's metacognitive processes, working memory, choice of strategies and performance during problem-solving', *European Journal of Psychology of Education*, 14 (4), 489-507.

Whitebread, D., Anderson, H., Coltman, P., Page, C., Pino Pasternak, D. and Mehta, S. (2005) 'Developing independent learning in the early years', *Education 3 - 13*, 33, 40-50.

Whitebread, D., Bingham, S., Grau, V., Pino Pasternak, D. and Sangster, C. (2007) 'Development of metacognition and self-regulated learning in young children: the role of collaborative and peer-assisted learning', *Journal of Cognitive Education and Psychology*, 6, 433-55.

Whitebread, D. with Dawkins, R., Bingham, S., Aguda, A. and Hemming, K. (2008) 'Organising the early years classroom to encourage independent learning', in D. Whitebread and P. Coltman (eds) (2008) *Teaching and Learning in the Early Years*, 3rd edn. London: Routledge.

Whitebread, D., Coltman, P., Pino Pasternak, D., Sangster, C., Grau, V., Bingham, S., Almeqdad, Q. and Demetriou, D. (2009) 'The development of two observational tools for assessing metacognition and self-regulated learning in young children', *Metacognition and Learning*, 4 (1), 63-85.

第
七
章

自
我
调
节

专有名词中英文对照表

英　文	中　文
abstract reasoning	抽象推理
abstract thought	抽象思维
access strategies	接近策略
active learning	主动学习
adaptability	适应性
adult role	成人角色
adult-child interactions	成人—儿童交往
affection	慈爱
aggression	攻击性
The amazing infant	《令人惊异的婴儿》
ambivalent attachment	矛盾型依恋
amygdala	杏仁体
analogical reasoning	类比推理
animal play	动物游戏
articulation of learning	对学习的叙述
articulatory loop	语音回路
association learning	联结学习
attention-following	跟随注意
attention-shifting	转移注意
attentional deployment	调节注意
authoritarian parents	专制型父母
avoidant attachment	回避型依恋
baby massage	婴儿抚触

英　文	中　文
behaviourism	行为主义
'black box' psychology	"黑箱"心理学
block play	积木游戏
Cambridgeshire Independent Learning (C. Ind. Le) Project	剑桥郡独立学习项目
cerebral cortex	大脑皮质
Child Care and the Growth of Love	《儿童保育和爱的成长》
Child Health and Education Study（CHES）	儿童健康和教育研究
Child Involvement Signals	儿童参与行为表现
child-initiated activities	儿童发起的活动
Children's Independent Learning Development（CHILD）	《儿童独立学习发展》
Children's minds	《儿童的心理》
chunking	组块
cingulate cortex	扣带回皮质
circle time	围坐时间
'cloth mother' experiment	"绒布母亲"实验
co-construction of meaning	共同建构意义
'cocktail party' experiment	"鸡尾酒会"实验
cognitive challenge	认知挑战
cognitive restructuring	认知重构
cognitive revolution	认知革命
cognitive self-awareness	认知自我意识
cognitive self-regulation	认知自我调节
connectionist modelling	联结主义模型
connections, and memory	（记忆）连接
consistency	稳定性
construction play	建构游戏
constructivism	建构主义
context(s)	情境
cooperative groupwork	合作小组任务
cortisol	皮质醇

专有名词中英文对照表

英　文	中　文
cultural environment	文化环境
cultural information	文化信息
cumulative talk	补充式谈话
Curriculum Guidance for the Foundation Stage（DfEE/QCA）	《奠基阶段课程指导》
Debriefing	总结回顾
decision-making	决策，做决定
deductive reasoning	演绎推理
deep information processing	信息的深加工
deferred imitation	延迟模仿
delay of gratification	延迟满足
demandingness	要求程度
developmental psychology	发展心理学
The developmental psychology of Jean Piaget	《让·皮亚杰的发展心理学》
dialogic pedagogy	对话教学法
disorganised attachment	紊乱型依恋
disputational talk	争论式谈话
dispute resolution	解决纠纷
double bedding	合床睡
dressing-up materials	装扮材料
dyslexia	阅读障碍
early years education	早期教育
Early Years Foundation Stage	《早期奠基阶段方案》
Effective Early Learning（EEL）programme	有效早期学习项目
egocentrism	自我中心
emotion regulation	情绪调节
emotional intelligence	情绪智力
emotional warmth	情感温暖
emotional well-being	情绪健康
empathy	移情
enactive representation	动作表征
encircling	环行四周

英　文	中　文
episodic memory	事件记忆
EPPE project	有效学前教育项目
error-correction	纠错
Every Child Matters	《每个孩子都重要》
evolutionary psychology	进化心理学
executive functioning	执行功能
exercise play	运动游戏
exploratory play	探索性游戏
exploratory talk	探讨式谈话
eye-tracking technologies	视线追踪技术
face-specific processing abilities	专门针对人脸的加工能力
false belief tasks	错误信念任务
fantasy play	幻想游戏
'fear of strangers' behaviour	"陌生人恐惧"行为
'fight or flight' response	"战或逃"反应
fine-motor play	精细动作游戏
flexibility of thought	思维灵活性
Forest schools	森林学校
'four card' problems	"四卡"问题
friendship skills	交友技能
frontal cortex	额叶皮层
frontal lobe functioning	大脑额叶功能
gambling behaviour	赌博行为
games with rules	规则游戏
generalisation	概括化
goal orientation	目标取向
'Goldilocks' pattern	"金发姑娘"模式
graphic grammar	图像语法
graphic vocabularies	图像词汇
group work	小组活动
growth hormone experiment	生长激素实验
guided play	有指导的游戏

181

专有名词中英文对照表

英　文	中　文
gun play	玩枪
habituation	习惯化
heuristic play	启发式游戏
hiding game（Hughes）	（休斯的）躲藏游戏
high-SRL classrooms	高自我调节的学习课堂
High/Scope	高宽课程
higher-order thinking	高级思维
hippocampus	海马回
hypothalamus	下丘脑
iconic representation	肖像表征
'identity change' task	"外表欺骗"任务
imaginary friends	想象玩伴
imaginative play	想象游戏
imitation	模仿
immaturity	幼稚
independence	独立性
independent learning	独立学习
inductive learning	归纳学习
infant amnesia	婴儿期健忘
infant-mother interactions	母婴交往
inhibition	去习惯化
inhibitory control	抑制性控制
inner speech	内部语言
inner voice	内部声音
insecure attachment	不安全依恋
institutionalisation	机构育儿
intellectual challenge	智力挑战
intellectual play	智力游戏
intentional learning	有意学习
inter-subjectivity	主体间性
internal mental states	内部心理状态
internal working models	内部工作模型

英　文	中　文
internalised speech	内部语言
joint attention	共同关注
learned helplessness	习得性无助
learning environments	学习环境
Leuven Involvement Scale for Young Children	《列维斯幼儿参与量表》
'levels of processing' model	"加工水平"模型
Life of Mammals	《哺乳类全传》
limbic system	边缘系统
literacy	读写
'location change' task	"位置改变"任务
long-term memory	长时记忆
long-term potentiation（LTP）	长期增强效应
low-SRL classrooms	低自我调节学习的课堂
'lure retrieval' experiments	"诱饵获取"实验
mammalian brain	哺乳动物的大脑
mark-making	符号标记
mastery orientation	掌控力
'matching' strategy	"匹配"策略
maternal deprivation	母爱剥夺
mental state vocabulary	描述心理体验的词汇
mental tasks	心理任务
meta level, mental tasks	心理任务的元层面
metacognition	元认知
metacognitive deficits	元认知缺失
metacognitive knowledge	元认知知识
metacognitive monitoring	元认知监控
metacognitive processing	元认知过程
metamemory	元记忆
mind-mindedness	关注心理体验
'mirror neuron' system	"镜像"系统
mobiles（infant）	（婴儿）床铃

英　文	中　文
modelling activities	造型活动
monkeys experiments	猴子实验
moral development	道德发展
motherese	妈妈语
motivational appraisal	激励性评价
multi-store model	多存储模型
multiple attachments	多重依恋
musical play/musicality	音乐游戏
'mutual' attention	"共同"注意
natural teachers	天生的老师
Nature and uses of immaturity	《幼稚的本质与应用》
negative emotions	消极情绪
neo-Vygotskians	新维果茨基学派
neural network modelling	神经网络模型
neuroscience	神经科学
'9 Glasses' Problem	"九杯"问题
non-verbal entry	非言语进入
'number conservation' task	"数量守恒"任务
nursery rhymes	儿歌
object level, mental tasks	心理任务的客体层面
objects, play with	物体游戏
observational learning	观察学习
outdoor play	户外游戏
ownership of learning	主宰自己的学习
parenting/styles	教养方式
passive 'direct instruction' condition	被动"直接指导"的实验条件
pattern matching	（神经元连接）网络匹配
peer tutoring	同伴教学
permissive parents	放任型父母
perseverance	坚持性
personalised learning	个性化学习
perspective taking	观点采择

英　文	中　文
phonological awareness	语音意识
phonological loop	语音回路
physical contact	身体接触
physical games	有规则的身体游戏
physical play	身体游戏
physical proximity	身体接近
pictorial representation	形象表征
'plan, do and review' cycle	"计划—工作—回顾"循环
playfulness	好玩
pointing gesture	指向动作
positive emotions	积极情绪
post-Piagetian psychologists	后皮亚杰心理学家
practice play	操作游戏
pre-school programmes	学前教育项目
predictability	可预测性
prefrontal cortex	前额叶皮质
pretend play	假装游戏
primacy effect	首因效应
private speech	自言自语
problem-solving	问题解决
procedural memory	程序记忆
production deficiency	产生性缺失
proto-conversations	原型对话
Qualifying to Teach（TDA）	《教师资格标准》
reciprocal teaching	交互教学
recognition memory	再认记忆
reconstitution	重构
rehearsal	复述
representation	表征
representational abilities	表征能力
reptilian brain	爬行动物的大脑
resilience	韧性

专有名词中英文对照表

英　文	中　文
response modification	调整反应
responsibility for learning	学习的责任感
responsiveness	反应性
risky play	冒险游戏
role play	角色扮演
'rough-and-tumble' play	"摔跤打斗"游戏
'same-different' task	"相同或不同"任务
scaffolding	支架
schema	图式
secure attachment	安全依恋
security（emotional）	（情感）安全
selective attention	选择性注意
self-awareness	自我意识
self-determination	自我决断
self-efficacy	自我效能感
self-esteem	自尊
self-explanations	自我解释
self-expression	自我表达
self-regulation	自我调节
semantic information	语义信息
semantic memory	语义记忆
sensitivity	敏感性
sensori-motor play	感知动作游戏
sensory channels	感觉通道
sensory cortex	感觉皮层
sensory stores	感知存储
'shared' attention	共享注意
short-term store	短时存储
Siblings: Love, envy and understanding	《兄弟姐妹：爱、嫉妒和理解》
situation modification	变换情境
situation selection	选择情境
The social climbers	《群居的攀爬者》

英 文	中 文
social competence	社会能力
social constructivism	社会建构主义
social cues	社会线索
social development	社会性发展
social inclinations, and competencies	社会倾向和能力
social interaction	社会交往
social relationships	社会关系
social skills	社交技能
social speech	社会化语言
social-emotional play	社会情感游戏
socio-dramatic play	社会戏剧游戏
sociograms	社会关系图
source memory	来源记忆
spontaneous play	自发游戏
'standing sentry' study	"站岗"研究
statistical learning	统计性的学习
'still-face' experiment	"扑克脸"实验
Storysacks	故事包
Strange Situation	陌生情境
structured play	结构化游戏
sustained shared conversations	围绕共同话题持续对话
sustained shared thinking	保持共同思考
symbolic modes, of expression	符号表达形式
symbolic play	象征游戏
symbolic representation	符号表征
theory of mind	心理理论
'Thinking Together' approach	"共同思考"法
'three mountains' experiment	"三山实验"
Tom and Jerry cartoons	《猫和老鼠》动画片
tool use	工具使用
transfer of learning	学习迁移
transitional probabilities	变化的可能性

187

专有名词中英文对照表

英　文	中　文
treasure basket	百宝篮
uninvolved parents	忽视型父母
University of Miami study	迈阿密大学研究
University of Wisconsin study	威斯康星大学研究
unstructured play	非结构化游戏
verbal recall methods	口头回忆的方法
verbal rehearsal	口头复述
verbal self-regulation	言语自我调节
verbal tools	语言工具
visual learning	视觉学习
visual literacy	视觉认知能力
visuo-spatial scratch pad	视觉空间存储
whole child	把儿童当作完整的个体
working memory	工作记忆
zone of proximal development	最近发展区

译后记

20世纪90年代以来，发展心理学的研究技术迅速更新，在儿童早期发展领域取得了非常丰硕的研究成果。将这些研究成果运用于早期教育实践，对于广大儿童及其家长、教师乃至国家的未来发展都是非常有益的。

本书强调早期教育应立足于培养独立自主的学习者。作者结合发展心理学领域的新研究、新发现，从情绪发展、社会性发展、游戏与学习、记忆与理解、语言与学习、自我调节6部分对早期教育实践进行深入探究，全面呈现儿童早期身心发展规律及其在早期教育实践中的运用。书中还呈现了英国早期教育机构的一些教育教学实践及改革经验，为发展心理学研究成果在早期教育的实际运用提供了具体的策略指导。

能够将此书翻译成中文并介绍给中国关心幼儿学习与发展的读者，我们感到非常荣幸。本书各章的翻译负责人分别是：第一、第四、第五章，北京师范大学易进；第二、第三章，北京师范大学高潇怡；第六、第七章，山西师范大学李春丽。另有若干位硕士研究生和本科生参与部分章节的初稿翻译，具体分工为：第一、第五章，宋晗；第二章，陈佳；第三章，李艾欣；第四章，王雅琴；第六章，林敏、刘瑞琪、王佩、薛菲、刘倩、刘聪；第七章，王悦、梁如亚、贾雅岚、吴小慧和王小侬。全书由易进统稿。感谢"北师大教育系胡梦玉基金"对本书翻译工作的支持。

易　进

出 版 人　　所广一
责任编辑　　王春华
版式设计　　孙欢欢
责任校对　　贾静芳
责任印制　　叶小峰

图书在版编目（CIP）数据

发展心理学与早期教育／（英）戴维·怀特布雷德
（Whitebread，D.）著；易进，高潇怡，李春丽译. —北
京：教育科学出版社，2015.10（2020.12 重印）
　　书名原文：Developmental Psychology and Early
Childhood Education：A Guide for Students and Practitioners
　　ISBN 978-7-5041-9992-8

　　Ⅰ.①发…　Ⅱ.①怀…②易…③高…④李…　Ⅲ.
①儿童心理学—发展心理学　Ⅳ.①B844.1

中国版本图书馆 CIP 数据核字（2015）第 249584 号

北京市版权局著作权合同登记 图字：01-2014-6694 号

发展心理学与早期教育
FAZHAN XINLIXUE YU ZAOQI JIAOYU

出版发行	教育科学出版社			
社　　址	北京·朝阳区安慧北里安园甲 9 号	市场部电话	010-64989009
邮　　编	100101	编辑部电话	010-64989395
传　　真	010-64891796	网　　址	http://www.esph.com.cn
经　　销	各地新华书店			
制　　作	北京金奥都图文制作中心			
印　　刷	保定市中画美凯印刷有限公司			
开　　本	720 毫米×1020 毫米　1/16	版　　次	2015 年 10 月第 1 版
印　　张	12.75	印　　次	2020 年 12 月第 2 次印刷
字　　数	155 千	定　　价	39.00 元

如有印装质量问题，请到所购图书销售部门联系调换。

Original English Title:

Developmental Psychology and Early Childhood Education: A Guide for Students and Practitioners

By David Whitebread

English language edition published by SAGE Publications of London, Thousand Oaks, New Delhi and Singapore, © David Whitebread, 2012.

Cover photograph © Science Photo Library l Cover design by Wendy Scott